ulmer

Heiko Bellmann

STEINBACHS NATURFÜHRER

INSEKTEN

Herausgegeben von Gunter Steinbach

526 Farbfotos
18 Zeichnungen

Inhalt

Einführung

NATUR AKTIV

Serviceseiten

Unsere Insekten im Überblick

Prächtige Libellen, kompakt gebaute Käfer oder filigrane Eintagsfliegen zeigen es: Als weltweit artenreichste Tiergruppe weist die Klasse der Insekten eine ungeheure Vielfalt an Erscheinungsformen auf. Um diese Formenfülle einigermaßen in den Griff zu bekommen, werden die Insekten in etwa 30 Ordnungen aufgeteilt und diese wiederum zu Verwandtschaftsgruppen zusammengefasst, den Überordnungen und Unterklassen. Hier sollen die wichtigsten Insektenordnungen kurz vorgestellt werden. Nicht berücksichtigt wird in diesem Band die attraktive Insektengruppe der Schmetterlinge – etwa 300 Tag- und Nachtfalterarten werden in einem eigenen Band dieser Reihe „Schmetterlinge" ausführlich von Dr. Heiko Bellmann vorgestellt.

Urinsekten, Eintagsfliegen, Steinfliegen und Libellen

Als urtümlichste Insekten gelten die **Urinsekten**. Sie besitzen keine Flügel und stammen, anders als die ebenfalls ungeflügelten Läuse und Flöhe, auch nicht von ursprünglich geflügelten Vorfahren ab. Sie werden daher als primär flügellose Insekten bezeichnet. Zu ihnen gehören die **Springschwänze**, die **Doppelschwänze**, die **Felsenspringer** und die **Fischchen**. Sie alle entwickeln sich über zahlreiche Jugendstadien direkt und ohne Gestaltwandel zum ausgewachsenen Insekt (Imago).

Ihnen gegenüber stehen die primär geflügelten Insekten, deren ursprünglichere Vertreter eine unvollständige Verwandlung haben. An der Basis dieser Gruppe stehen die **Eintagsfliegen**. Sie besitzen wasserlebende Larven, die sich sehr deutlich von den geflügelten Erwachsenen unterscheiden. Als einzige Insektenordnung tritt bei ihnen ein zweites geflügeltes Stadium (Subimago) auf. Auch die Larven der **Steinfliegen** und der **Libellen**, leben im Wasser. Während sich aber die Steinfliegenlarven bis auf die fehlenden Flügel recht wenig von den Imagines unterscheiden, sind die Unterschiede zwischen Larven und Erwachsenen bei den Libellen recht groß.

Seite 18–37

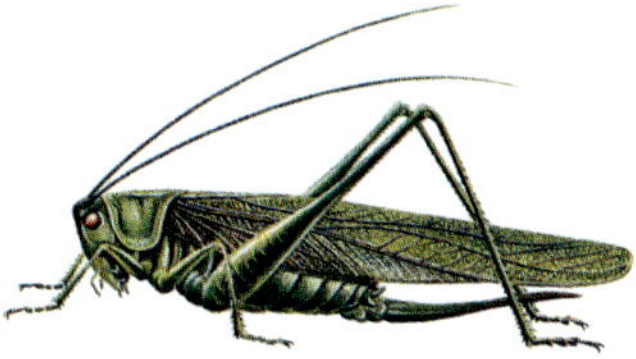

Geradflügler

Es folgen im System der Insekten mehrere Ordnungen, die als **Geradflügler** zusammengefasst werden. Bei ihnen sind die Vorderflügel lederartig versteift, während die zarten Hinterflügel in Ruhelage fächerförmig unter den Vorderflügeln zusammengelegt sind. Auch die Geradflügler besitzen eine unvollständige Verwandlung. Ihre Gruppe umfasst die Ordnungen der **Schaben**, der **Ohrwürmer**, der **Fangschrecken**, der **Termiten** und der **Heuschrecken**. Bei ihnen allen unterscheiden sich Larven und Erwachsene nur wenig voneinander, und beide Entwicklungsstadien zeigen auch weitgehend die gleiche Lebensweise. Etwas aus dem Rahmen fallen in dieser Gruppe die (in Mitteleuropa nicht heimischen) Termiten. Sie sind die einzigen Insekten mit unvollständiger Verwandlung, die ähnlich den Ameisen in volkreichen Staaten leben. Eine Folge dieser sehr hoch entwickelten Organisationsform ist die Ausbildung unterschiedlicher „Kasten“ wie Königin, König, Soldaten und Arbeiter, die jeweils unterschiedliche Funktionen haben.

Seite 38–53

Schnabelkerfe und Verwandte

Auf der obersten Stufe der Insekten mit unvollständiger Verwandlung steht eine Gruppe von Insektenordnungen, die sich durch die Umwandlung der ursprünglich beißenden Mundwerkzeuge in Stechorgane auszeichnet. Während die **Staubläuse** noch beißende, teilweise aber schon deutlich zugespitzte Mundteile besitzen, haben die übrigen Vertreter dieser Gruppe, die **Wanzen**, die **Zikaden**, die **Pflanzenläuse**, die **Fransenflügler** und die **Tierläuse**, einen typischen Stech- und Saugrüssel. Die Pflanzenläuse werden weiter unterteilt in **Blattläuse**, **Blattflöhe**, **Mottenschildläuse** und **Schildläuse**. Alle diese Namen lassen wenig Positives erahnen, doch gehören zu dem Verwandtschaftskreis, der viele Blutsauger und Pflanzenschädlinge umfasst, auch eine ganze Reihe attraktiver und durchaus nützlicher Arten. Es gibt sogar Wanzen, die sich geradezu rührend um ihren Nachwuchs kümmern, etwa die Fleckige Brutwanze, bei der das Weibchen die große Schar seiner Jungen bis zum eigenen Tod bewacht.

Seite 54–69

Netzflügler, Flöhe, Schnabel- und Köcherfliegen

Am Anfang dieser höchstentwickelten Insekten stehen die **Netzflügler im weiteren Sinn**, zu denen die **Schlammfliegen**, die **Kamelhalsfliegen** und die **Netzflügler im engeren Sinn** zusammengefasst werden. Sie alle besitzen zwei ähnlich geformte, dicht geaderte Flügelpaare, die in der Ruhelage dachförmig über dem Hinterleib getragen werden. **Ameisenjungfern**, **Florfliegen** und die bizarren **Fanghafte** gehören zu den Netzflüglern im engeren Sinn. Auch die attraktiven **Schmetterlingshafte** zählen dazu.

Die **Flöhe** als nächste Ordnung in diesem Band kann man durch ihren seitlich stark abgeflachten Körper kaum mit anderen Insekten verwechseln.

Es folgen die **Schnabelfliegen**, bei denen der Kopf nach unten in einen deutlichen Schnabel verlängert ist. An seiner Spitze befinden sich beißende Mundwerkzeuge. Die Schnabelfliegen gelten als Verwandte der Zweiflügler und gehören damit zu den höchstentwickelten Insektenordnungen. Die ebenfalls hoch entwickelten **Köcherfliegen** tragen auf ihren Flügeln eine meist deutlich sichtbare Behaarung. Ihre Larven leben, von wenigen Ausnahmen abgesehen, im Wasser.

Seite 70–83

Käfer

Die **Käfer** zeichnen sich durch ihre festen, zum Deckflügel umgewandelten Vorderflügel aus. Auch bei ihnen gibt es einige Erscheinungsformen, die etwas aus dem Rahmen fallen, denn sie sind an alle nur denkbaren Lebensräume angepasst: verschiedene Etagen des Waldes ebenso wie Wüsten, Gebirge oder Gewässer. Nur im offenen Meer sucht man sie vergebens.

Zu den besonders leistungsfähigen Spezialentwicklungen gehören z. B. die ungewöhnlichen Schwimmbeine der Taumelkäfer, die flügellosen, larvenähnlichen Weibchen der Leuchtkäfer, das Schreckschussorgan des Bombardierkäfers oder der Bohrrüssel des Haselnussbohrers. Auch die Kurzflügler mit ihren stark verkürzten Deckflügeln sind eine Abwandlung vom Grundtyp.

Seite 84–135

Zweiflügler

Eine unserer artenreichsten Insektenordnungen stellen die **Zweiflügler**. Sie sind leicht an der typischen Ausbildung ihrer Flügel zu erkennen: Während die Vorderflügel normal entwickelt sind, wurden die Hinterflügel zu winzigen, keulenförmigen Schwingkölbchen umgebildet. Diese haben eine wichtige Funktion bei der Steuerung der Flugbewegung.

Zu den Zweiflüglern gehören die **Mücken** und die **Fliegen**. Mücken haben vielgliedrige, meist recht lange Fühler, während sich die Fühler der Fliegen in der Regel aus nur drei Gliedern zusammensetzen.

Viele Zweiflügler, vor allem die Mücken, entwickeln sich als Larven im Wasser, andere im Erdboden, in verrottenden Pflanzenteilen, in Dung oder in Tierleichen. Die Puppen sind teils frei beweglich, teils umhüllt sie ihre letzten Larvenhaut als Tönnchen.

Die Imagines leben niemals im Wasser oder im Inneren anderer Substrate. Sie ernähren sich von anderen Insekten, saugen Nektar oder Blut oder nehmen gar keine Nahrung mehr zu sich.

Seite 136–151

Hautflügler

Die letzte Ordnung bilden die **Hautflügler**. Sie besitzen zwei große, ungleiche Flügelpaare, die durch eine Häkchenreihe miteinander verbunden sind. Bei vielen von ihnen ist der ursprüngliche Legebohrer in einen Wehrstachel umgewandelt, der sicher manchem in unangenehmer Erinnerung ist. Ein weiteres Merkmal, das ebenfalls nicht alle Arten haben, ist die Wespentaille, eine starke Einschnürung im vorderen Teil des Hinterleibs, der diesem eine besondere Beweglichkeit verleiht.

Viele Vertreter dieser sehr artenreichen Gruppe vollbringen erstaunliche Leistungen, etwa beim Aufspüren und Überlisten von Beutetieren oder beim Bau ihrer Brutstätten. Ihre sozialen Verhaltensweisen lassen sich zum Teil mit menschlichen Fähigkeiten vergleichen. Viele Ameisen, Wespen und Bienen haben auch Staatswesen entwickelt. Sogar eine eigene Sprache zur innerartlichen Kommunikation gibt es bei Hautflüglern wie etwa der Honigbiene.

Seite 152–179

Entwicklung durch Verwandlung

Insekten zeichnen sich besonders durch die feste Hülle aus, die ihren Körper stützt. Dieser mehr oder weniger steife Panzer ist in Ringe unterteilt, sodass Gliedmaßen und Rumpf beweglich bleiben. Die starre Außenhülle hat aber auch einen Nachteil: Insekten können nur so viel wachsen, wie es die Ringe des Panzers zulassen.

Wachstum in Schüben

Ein stärkeres Wachstum ist nur möglich, wenn die bisherige Hülle abgestoßen und durch ein neues, größeres Kleid ersetzt wird. Dieses Kleid ist zunächst noch weich und dehnbar, erhärtet aber wenig später. Insekten wachsen daher schubweise während der einzelnen Häutungen, in den Phasen dazwischen ist ihr Wachstum jedoch sehr gering. Die Zahl der Häutungen ist unterschiedlich; sie schwankt je nach Art zwischen zwei und fünfzehn, kann aber auch innerhalb der gleichen Art etwas variieren. Die gesamte Entwicklung eines Insekts lässt sich jedoch nicht allein durch dieses schubweise Wachstum beschreiben. Fast immer kommt ein weiteres Phänomen hinzu: die Metamorphose, also die Veränderung der Körpergestalt während der Entwicklung. Zwei Grundtypen der Metamorphose lassen sich unterscheiden.

Die vollständige Verwandlung

Im typischen Fall durchläuft ein Insekt vier Stadien, die sich stark voneinander unterscheiden. Aus dem Ei (1. Stadium) schlüpft die Larve (2. Stadium). Das Larvenstadium ist bei den meisten Insekten das „Fressstadium“. In ihm wächst der Körper stetig in mehreren Häutungsschüben, ohne dass sich seine Gestalt verändert. Es folgt ein weitgehend unbewegliches Puppenstadium (3. Stadium), das als Ruhephase dient. Hier vollzieht sich eine Umwandlung der inneren Organe und die Ausbildung der Flügel. In der letzten Häutung schließlich entsteigt der Puppe das fertige Insekt, die Imago (4. Stadium). Die Flügel werden dabei aus den Flügelscheiden herausgezogen und hängen zunächst als unförmige, gekräuselte Lappen am Körper herab. Durch Einpumpen von Blutflüssigkeit in die Flügeladern werden die Flügel gestreckt und können nach der Trocknung (meist ein bis zwei Stunden später) für einen ersten Flug verwendet werden. Dieser Grundtyp der Metamorphose, die vollständige Verwandlung oder **Holometabolie**, kommt bei den höherentwickelten Insekten vor.

Vollständige Verwandlung: Letzte Larve (links) und Puppe des Gefurchten Dickmaulrüsslers

Die unvollständige Verwandlung

Ein weiterer wichtiger Verwandlungstyp ist die unvollständige Verwandlung oder **Hemimetabolie**. Bei ihr fehlt das Puppenstadium; die Imago schlüpft also direkt aus dem letzten Häutungsstadium der Larve. Larve und Imago können dabei sehr verschieden aussehen, vor allem, wenn beide eine ganz unterschiedliche Lebensweise haben. Ein Beispiel hierfür sind die Libellen, deren Larven im Wasser leben, während die Imagines ein Leben an Land führen. Bei den Heuschrecken dagegen sind, von den Flügeln einmal abgesehen, die Unterschiede zwischen Larven und ausgewachsenen Tieren vergleichsweise gering; anders als bei den Libellen haben beide Stadien auch weitgehend die gleiche Lebensweise. Die Hemimetabolie findet man bei den primitiveren geflügelten Insekten.

Unvollständige Verwandlung: Die Lederwanzen-Larve (oben) ähnelt sehr der geflügelten Imago.

Unvollständige Verwandlung: Die Larve sieht ganz anders aus als die erwachsene Libelle.

Zwischenformen

Zwischen holometabolen und hemimetabolen Insekten gibt es noch einen **Übergangsbereich**. Die Mottenschildläuse etwa gehören als Vertreter der Pflanzenläuse zu den Insekten mit unvollständiger Verwandlung. Allerdings ist bei ihnen das letzte Larvenstadium weitgehend unbeweglich und erinnert sehr an eine Puppe. Die Kamelhalsfliegen und Köcherfliegen wiederum zeichnen sich durch eine vollständige Verwandlung aus. Bei ihnen beginnt jedoch die zunächst noch unbewegliche Puppe kurz vor dem Ende ihrer Entwicklung zu laufen, um einen für die letzte Häutung besonders geeigneten Ort aufzusuchen.

Wichtige Fachbegriffe

Antennen Fühler am Kopf von Insekten

Art Gesamtheit der Individuen, die sich auf natürliche Weise untereinander uneingeschränkt fortpflanzen und in allen typischen Merkmalen untereinander und mit ihren Nachkommen übereinstimmen

Fangbeine umgebildetes erstes Beinpaar bei einigen räuberisch lebenden Insekten (z. B. Gottesanbeterin ⇨ S. 40 oder Steirischer Fanghaft ⇨ S. 72), das zum Beutefang dient

Flügeldecken verdicktes und stärker verfestigtes Vorderflügelpaar

Gattung systematische Kategorie zwischen Art und Familie, in der einander ähnliche Arten zusammengefasst werden. Das erste Wort des wissenschaftlichen Namens ist der Gattungsname

Halsschild vorderer schildförmiger Teil des Brustabschnitts bei einigen Insektengruppen, wie z. B. Käfern, Ohrwürmern und Wanzen

hemimetabole Insekten Insekten, bei denen eine unvollständige Verwandlung stattfindet. Das Puppenstadium fehlt; die Imago schlüpft also direkt aus dem letzten Häutungsstadium der Larve

holometabole Insekten Insekten, bei denen eine vollständige Verwandlung mit einem Puppenstadium stattfindet

Imago „ausgewachsenes" Insekt, z. B. der Schmetterling nach den Stadien Raupe (Larve) und Puppe. Die Subimago ist ein bereits geflügeltes Vorstadium der Imago, das es nur bei Eintagsfliegen gibt

Kokon aus Spinnfäden hergestellte Schutzhülle, mit der sich Insektenlarven zum Verpuppen umgeben

Larven selbstständige, meist freilebende Jugendstadien, die sich im Aussehen und oft auch in der Lebensweise deutlich von den erwachsenen Tieren unterscheiden

Legebohrer stab- oder messerartiger Apparat am Hinterleib vieler Insekten-Weibchen, der zur Eiablage dient

Metamorphose gestaltliche Verwandlung von der Insektenlarve zum fertigen Insekt (⇨ Imago). Man unterscheidet zwischen vollständiger Verwandlung (⇨ holometabole Insekten) und unvollständiger Verwandlung (⇨ hemimetabole Insekten)

Mimese Nachahmung belebter oder unbelebter Teile der Umgebung (z. B. Blätter, Dornen oder Steine) zum Zwecke der Tarnung

Mimikry farbliche oder gestaltliche Nachahmung wehrhafter oder durch unangenehmen Geschmack geschützter Tiere durch solche, denen dieser Schutz fehlt

Nymphe Jugendstadium von Insekten, bei dem die Larven den erwachsenen Tieren in der Struktur weitgehend ähneln, jedoch noch ungeflügelt und sexuell nicht ausgereift sind (z. B. bei Heuschrecken)

Parasit Tierart, die eine andere Art, den Wirt, als Nahrungsquelle, als Lebensraum oder zur Jungenaufzucht nutzt und dadurch mehr oder weniger schädigt, normalerweise aber nicht tötet

Puppe Zwischenstadium bei zahlreichen Insekten, bei dem in äußerer Ruhe innerlich große Umbauprozesse zur Ausbildung des fertigen Geschlechtstieres (der Imago) stattfinden

Schwingkolben zu einem kleinen, kolbenförmigen Organ reduziertes Flügelpaar, das der Koordination der Flügelbewegung dient

Spermatophore Samenpaket, das zur Spermienübertragung dient

Sprunggabel gegabelter Springapparat auf der Unterseite des Hinterleibs von Springschwänzen (Urinsekten)

Subimago ⇨ Imago

unvollständige Verwandlung ⇨ Metamorphose

vollständige Verwandlung ⇨ Metamorphose

Warntracht Farb- und Zeichnungsmuster von wehrhaften Tieren und solchen mit Giften; wirkt auf potenzielle Fressfeinde abschreckend

Körperteile von Insekten

Kopf am Beispiel Heupferd

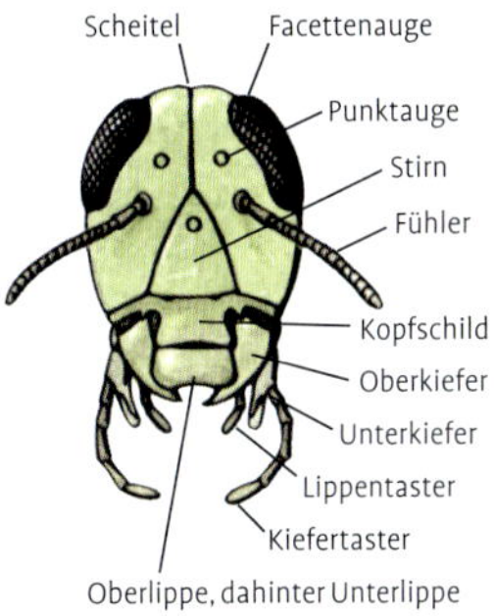

Fühlertypen

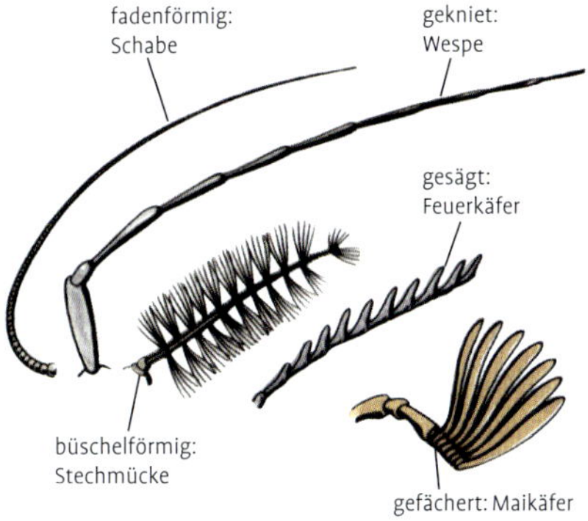

Insekt am Beispiel Hornisse

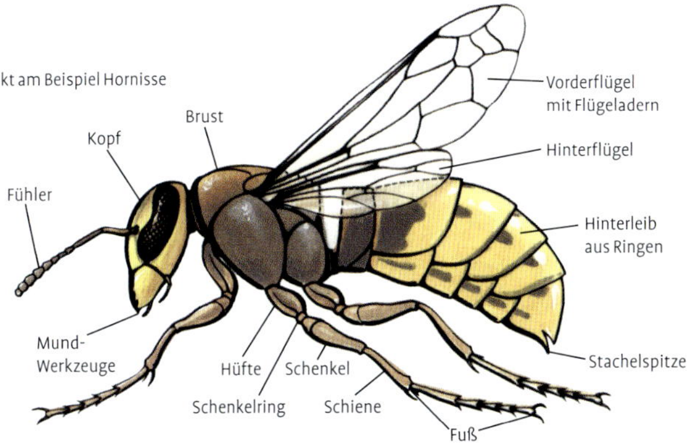

NATUR
AKTIV

Den Insekten auf der Spur

Insekten besiedeln mit ihrer enormen Artenfülle fast alle denkbaren Lebensräume. Auf jeder Wiese, in jedem Wald und an jedem Binnengewässer treffen wir verschiedenste Vertreter an. Nur auf dem offenen Meer gibt es praktisch keine Insekten.

Wie aber kommt man ihnen am besten auf die Spur? Hier erfahren Sie, was man tun kann, um zu spannenden Beobachtungen zu gelangen.

Der richtige Ort

Je nachdem, welche Insektengruppe Sie am meisten interessiert, können Sie in ganz verschiedenen Gebieten fündig werden. Außer der banalen Feststellung, dass Libellen in der Nähe von Gewässern auftreten, Heuschrecken dagegen eher in trockeneren Lebensräumen, werden Sie bald sehen, dass es neben **„Allerweltsarten“** auch solche gibt, die sehr **spezielle Ansprüche** haben. Während wir zum Beispiel die Große Pechlibelle an fast jedem Gewässer beobachten können, begegnen uns Prachtlibellen meist nur an Fließgewässern.

Insektenarten treten oft in der Nähe von ganz bestimmten Pflanzen auf. Deshalb gilt prinzipiell: An Orten mit besonders **hoher Pflanzenvielfalt,** wie etwa einer bunten Blumenwiese, kann man auch besonders viele verschiedene Insekten finden.

Sie müssen aber nicht gezielt einen bestimmten Lebensraum besuchen. Lassen Sie sich einfach **überraschen,** auf einem Spaziergang oder bei einem Picknick. Oftmals werden Sie Tieren begegnen, die für den jeweiligen Lebensraum eher untypisch sind. So kommt es bei vielen Libellenarten vor, dass sie über größere Strecken wandern und dann auch weitab von Wasseransammlungen zu beobachten sind.

Die perfekte Ausrüstung

Haben Sie ein interessantes Insekt aufgespürt, lässt sich das „flüchtige Krabbeltier“ am leichtesten mit einer **Becherlupe** bewundern. Mit diesem **Bestimmungsbuch** in der Tasche können Sie dann in Ruhe den Namen des geheimnisvollen Lebewesens herausfinden. Vergessen Sie aber nicht, es später wieder freizulassen!

Der „Zoo“ vor der eigenen Haustür

Eine weitere Möglichkeit, zu spannenden Insektenbeobachtungen zu kommen, besteht darin, die Tiere durch einfache Maßnahmen **anzulocken** und sie in unserer nächsten Umgebung zur **Ansiedlung** zu bewegen. So lassen sich viele **Libellenarten** und andere Wasserinsekten durch die Anlage von Teichen herbeilocken, und das sogar mitten in Großstädten. Es handelt sich dabei aber eher um häufige und weit verbreitete Arten.

Kinderleicht – Insekten beobachten mit einer Becherlupe

Noch erfolgreicher sind die Ansiedlungsbemühungen meist bei Hautflüglern, also etwa den **Wespen und Wildbienen.** Ihre rar gewordenen Lebensräume auszubauen, ist nicht nur einfach, sondern zudem ökologisch besonders nützlich. Da sie zahllose andere Insekten vertilgen und Blütenpflanzen bestäuben, gehören die Hautflügler zu den wichtigsten Funktionsträgern in der Natur.

NATUR **TIPP**

In kleinen Schritten

Bei der großen Artenzahl der Insekten ist es sinnvoll, die eigenen Forschungen thematisch etwas einzugrenzen. So kann man sich zunächst einmal darauf beschränken, eine bestimmte, gut überschaubare Verwandtschaftsgruppe näher zu untersuchen, etwa die Libellen oder die Heuschrecken.

Wildbienen nutzen gerne die Hohlräume von Bambusstäben als Nistquartier.

Freie **Kost** und **Logie**

Um die Nützlinge anzusiedeln, müssen Sie ihnen nur Nahrung und passende Nistmöglichkeiten anbieten. Pflanzen Sie dazu in Ihrem Garten möglichst viele verschiedene **heimische Blütenpflanzen.** Der Nektar der Blüten dient Bienen und Wespen als Nahrung, zusammen mit Pollen nutzen ihn die Bienen aber auch als Proviant für ihre Larven. Da viele von ihnen auf ganz bestimmte Pflanzenarten spezialisiert sind, ist ein möglichst breites Angebot verschiedener Arten unverzichtbar.

Als **Niststätten** können zum Beispiel Holzscheiben mit Bohrlöchern, zersägte und gebündelte Bambusstäbe sowie offene, sandige oder kiesige Bodenflächen dienen. Auch lehmige Steilwände (oder alternativ dazu hängende Holzkisten mit löchrigem Lehm) werden gerne als Quartier genutzt.

Mühe wird **belohnt**

An derartigen Nisthilfen lassen sich faszinierende Beobachtungen anstellen. An sonnigen Tagen werden Sie sehen, wie Grabwespen mit einem Stich gelähmte Beuteinsekten herbeitragen und im Sand vergraben oder Blattschneiderbienen mit Blattstücken in den Bohrlöchern verschwinden.

Dekorativ und ökologisch wertvoll: eine Wildbienen-Nisthilfe aus Hartholz

NATUR **AKTIV**

Die Lust des Sammelns

Natürlich sind Insektensammlungen auch heute noch sinnvoll und notwendig, denn viele Insekten (vor allem Zweiflügler, Hautflügler, aber auch viele Käfer) lassen sich nur als präparierte Tiere sicher bestimmen. Ein Sammeln nach rein ästhetischen Gesichtspunkten, vergleichbar mit dem Sammeln von Briefmarken oder Bierdeckeln, ist dagegen nicht mehr zeitgemäß! Es wäre angesichts des immer weiter voranschreitenden **Artensterbens** inzwischen auch gar nicht mehr zu verantworten. Dafür gibt es in der heutigen Zeit verschiedene andere Möglichkeiten, sich dieser interessanten Tiergruppe zuzuwenden, sodass der Insektenfreund auch auf seine Kosten kommen kann, ohne den Tieren zu schaden.

Libellen hinterlassen Spuren, die Exuvien genannt werden.

Auf **Spurensuche**

Insekten hinterlassen vielerlei Spuren. An Pflanzen können dies zum Beispiel **Fraßspuren** sein, die für bestimmte Arten charakteristisch sind. Liegen diese innerhalb eines Blattes, spricht man von Minen, die bei vielen Arten oft ganz charakteristische Formen und Farben haben. Solche Spuren kann man wie Pflanzen herbarisieren, indem man die Blätter presst und auf Bögen aufklebt.
Von Libellen kann man auch Exuvien, die bei der letzten Häutung zurückbleibenden **Larvenhüllen,** sammeln und mit Hilfe spezieller Literatur bis zur Art bestimmen. Damit lässt sich beispielsweise der Beweis führen, welche Art sich in welchem Gewässer entwickelt hat. Für die anderen Insektenordnungen funktioniert das leider nicht. Bei ihnen fallen die Hüllen nach dem Schlupf meist in sich zusammen.

Lebendig eingefangen

Insekten lebend mitnehmen, ohne ihnen ein Bein zu krümmen? Die digitale Fotografie macht's möglich! Schon mit einer kleinen Kompaktkamera können Sie im Makromodus eine gute Bildqualität erzielen und ein lebendiges Porträt Ihres tierischen Fotomodells erhalten.

Schnell und einfach eingefangen – schon kleine Kameras bringen große Freude.

Nehmen Sie als Hilfsmittel ein durchsichtiges Gefäß auf ihre Bildsafari mit. Es erleichtert manchmal das Fotografieren der agilen Tiere. Wer sie in ihrer natürlichen Umgebung ablichten möchte, vielleicht sogar bei interessanten Verhaltensweisen wie Schlupf, Nahrungsaufnahme oder Putzverhalten, stellt sich größeren Herausforderungen. Hierfür sind die modernen Kompaktkameras zwar ebenfalls bedingt geeignet, speziell bei sehr kleinen Arten werden Sie aber schnell feststellen, dass man nur mit digitalen Spiegelreflexkameras und entsprechendem Zubehör wie Makroobjektiv und Makroblitz zu wirklich überzeugenden Ergebnissen kommt.

Auf Speicherchip und Festplatte gebannt, können Sie die farbenfrohen Tiere nicht nur zu jeder Jahreszeit betrachten, sondern auch in aller Ruhe bis auf die Art bestimmen. In Internetforen helfen Ihnen Liebhaber gerne weiter oder bestätigen Ihre Bestimmung.

Mein eigenes **Bildarchiv**

Ein digitales Archiv, das nach den Kapiteln dieses Buchs in Dateiordnern gegliedert ist, hilft Ihnen, die Fotos übersichtlich zu verwalten. Innerhalb dieser Gruppen können Sie noch weitere Kategorien bilden, ob biologisch-systematische (nach Familien, Gattungen und Arten) oder frei nach Ihrem Belieben (zum Beispiel Fundorte, bestimmte Fraßpflanzen usw.). Die Benennung der einzelnen Fotos nach den Namen der Tiere ist sicherlich ein weiterer Aufwand, aber Sie werden schnell merken, dass es Ihnen ungeheuer dabei hilft, sich die Namen zu merken und einen Überblick über die Fülle der Insektenwelt zu erlangen.

Wasserspringschwanz

Podura aquatica · Ordnung Springschwänze

Matt blauschwarz; Fühler kurz, 4-gliedrig; unter dem Hinterleib eine lange, nach vorn eingeklappte Sprunggabel.

KL 1–1,5 mm; flügellos. Fast ganzjährig.
Vorkommen Auf der Oberfläche kleinerer und kleinster stehender Gewässer und an deren Ufern; überall häufig.
Wissenswert! Springschwänze bewohnen in großer Artenzahl die Bodenoberfläche, einige (u. a. diese Art) auch Wasserflächen. Der S.W. kann mehrere cm weite Sätze ausführen, indem er seine Sprunggabel nach unten und hinten schnellen lässt. Wie bei den übrigen Urinsekten findet die Paarung ohne körperliche Vereinigung statt. Das Männchen setzt am Boden vor dem Weibchen mehrere gestielte Samentropfen (Spermatophoren) ab, die dieses in seine Geschlechtsöffnung aufnimmt. Die frisch aus den Eiern geschlüpften Jungtiere gleichen, von der geringeren Größe abgesehen, fast völlig den Erwachsenen.

Doppelschwanz

Campodea sp. · Ordnung Doppelschwänze

Körper sehr zart, weißlich, am Hinterende 2 lange, den Fühlern ähnelnde Schwanzfäden.

KL 3–5 mm; flügellos. Ganzjährig.
Vorkommen Am Erdboden in Wäldern und offenem Gelände; überall ziemlich häufig.
Wissenswert! Dieses sehr austrocknungsempfindliche, augenlose Urinsekt hält sich meist in Erdspalten und unter tiefer in den Boden eingesenkten Steinen verborgen. Nur bei länger anhaltender feuchtkühler Witterung (vor allem im zeitigen Frühjahr und im Spätherbst) kann man es in den obersten Bodenschichten oder an der Unterseite flacher Steine antreffen. Es ernährt sich von Pflanzenresten und Pilzfäden, daneben auch von kleineren toten Tieren. Zur Fortpflanzung setzt das Männchen, ähnlich wie bei den Springschwänzen, vor dem Weibchen (oft aber auch ohne dessen Anwesenheit) eine nur 0,1 mm lang gestielte Spermatophore ab.

Felsenspringer

Lepismachilis y-signata · Ordng. Felsenspringer

Hinterende mit 3 Schwanzfäden; Körper mit dichtem, bunt metallisch schillerndem Schuppenkleid.

KL 8–10 mm; Augen groß, mit dunklem Y-Muster. Fast ganzjährig.
Vorkommen Im Bergland an felsigen und steinigen Stellen gebietsweise nicht selten.
Wissenswert! Diese recht lebhaften Urinsekten tummeln sich besonders in der Abenddämmerung gern scharenweise auf Felsen und lockeren Steinschutthalden. Bei Gefahr bringen sie sich durch plötzliche Sprünge in Sicherheit, die fast halbmeterweit sein können. Zum Springen wird der Hinterkörper stark gekrümmt und dann blitzschnell wieder gestreckt. Zur Befruchtung setzt das Männchen auf einem Sekretfaden mehrere Spermatropfen ab, die dann vom Weibchen aufgenommen werden.

Silberfischchen

Lepisma saccharina · Ordnung Fischchen

Körper spindelförmig; silbrig glänzendes Schuppenkleid; am Hinterende 3 auseinanderspreizende Schwanzfäden.

KL 8–11 mm. Ganzjährig.
Vorkommen Fast nur in Gebäuden, meist an feuchten Stellen; überall sehr häufig.
Wissenswert! Das S. gehört sicherlich zu den bekanntesten Vertretern des Hausungeziefers, richtet aber kaum nennenswerte Schäden an. Das sehr anspruchslose Urinsekt ernährt sich von allen möglichen Abfallstoffen und Vorräten, sogar von Tapetenkleister. Die Paarung erfolgt gewöhnlich in einem Zimmerwinkel. Das Männchen spinnt dabei aus wenigen Fäden ein kleines Gespinstdach vom Boden zur Wand und setzt darunter einen Spermatropfen ab. Anschließend kriecht das Weibchen unter die Fäden, bleibt über dem Tropfen stehen und nimmt die Samenflüssigkeit in seine Geschlechtsöffnung auf. Die Eier werden in Bodenritzen abgelegt.

Wasserspringschwanz

Doppelschwanz

Felsenspringer

Silberfischchen

Große Eintagsfliege

Ephemera danica · Ordnung Eintagsfliegen

Hinterende mit 3 langen Schwanzfäden; Flügel mit feiner dunkler Fleckung, das vordere Paar deutlich größer als das hintere.

FS 35–45 mm; Körper mit dunklen, kommaförmigen Zeichnungen auf den hinteren Hinterleibsringen. FZ Mai–Sep

Vorkommen An sauberen Fließgewässern fast überall recht häufig.

Wissenswert! Die Art hat wie alle Eintagsfliegen 2 geflügelte Stadien. Aus der Larve (kleines Bild oben) entwickelt sich die bereits geflügelte Subimago (linkes großes Bild), aus der dann wiederum die Imago (rechts großes Bild) hervorgeht. Beide nehmen keine Nahrung mehr auf. Die Subimago ist durch ihre kürzeren Schwanzfäden und die milchig getrübten Flügel leicht von der fertigen Eintagsfliege zu unterscheiden. Sie häutet sich nach 1–2 Tagen. Da im Innern ihrer Flügel bereits die Flügel der Imago voll ausgebildet vorliegen, brauchen diese nicht noch durch Einpumpen von Blutflüssigkeit gestreckt zu werden, wie bei der letzten Häutung anderer Insekten.

Die Männchen tanzen in der Abenddämmerung oft in kleinen Schwärmen über dem Wasser. Sobald sich ein Weibchen dem Schwarm nähert, wird es von einem Männchen ergriffen, und beide sinken als Paar neben dem Wasser zu Boden. Kurz darauf fliegt das Weibchen zum Gewässer zurück und taucht die Hinterleibsspitze mit den daraus hervorquellenden Eiern mehrmals kurz ins Wasser ein, sodass die Eier fortgespült werden.

Die wasserlebende Larve hat einen schmalen zylindrischen Körper und kurze, kräftige Beine. Sie gräbt Gänge im Bodenschlamm und ernährt sich von Pflanzenresten und anderen organischen Stoffen.

Kleine Eintagsfliege

Serratella ignita · Ordnung Eintagsfliegen

Färbung gelblich bis dunkelbraun, Hinterende mit 3 langen Schwanzfäden; Hinterflügel nur etwa 1/4 so lang wie die Vorderflügel.

FS 15–24 mm; Augen beim ♀ (großes Bild) unauffällig, beim ♂ (linkes kleines Bild) durch eine Querfurche in einen oberen, rot gefärbten Teil mit groben Facetten und einen unteren, gelblichen Bereich mit viel feineren Facetten unterteilt. FZ Mai–Sep

Vorkommen An fließenden, seltener an stehenden Gewässern; fast überall häufig.

Wissenswert! Die Larve (rechtes kleines Bild) ist etwas untersetzt, mit ziemlich kleinen, auf der Oberseite des Hinterleibs liegenden Kiemenblättchen. Sie hält sich gewöhnlich zwischen Wasserpflanzen oder unter Steinen auf, wo sie sich von pflanzlichen und anderen organischen Stoffen ernährt. Sie häutet sich meist abends an der Wasseroberfläche zur Subimago, diese am darauf folgenden Morgen zur Imago.

Die merkwürdigen Augen der Männchen dürften bei der Paarung eine wichtige Rolle spielen. Da diese vorwiegend bei schwachem Abendlicht stattfindet, werden die gröber facettierten und daher lichtstärkeren oberen Augenteile sicherlich zum Ansteuern der vorbeifliegenden Weibchen benötigt.

Nach der Paarung quillt aus der Geschlechtsöffnung des Weibchens ein kugelförmiger Eiballen hervor, den das Tier längere Zeit mit sich herumträgt (großes Bild). Nicht selten sieht man eiertragende Weibchen z. B. an erleuchteten Fensterscheiben. Später wird die Eikugel ins Wasser abgeworfen, wo sie zerfällt.

Große Eintagsfliege Subimago (links) und Imago (rechts)

Kleine Eintagsfliege mit Eiballen

Turbanäugige Eintagsfliege

Baetis sp. · Ordnung Eintagsfliegen

Imago mit nur 2 Schwanzfäden, Hinterflügel nur etwa 1/7 so lang wie die Vorderflügel; ♂ mit „Turbanaugen" (kleines Bild).

FS 10–20 mm. FZ Mär–Nov. Mehrere sehr ähnliche Arten.

Vorkommen An stehenden und fließenden Gewässern; die Art *Baetis rhodani* überall sehr häufig.

Wissenswert! Wie bei der Kleinen Eintagsfliege (⇨ S. 20) besitzen die Männchen zweigeteilte Augen mit einem lichtempfindlicheren Teil zum besseren Auffinden der Weibchen in der Dämmerung. Dieser obere Augenteil entspricht einem nach oben erweiterten Zylinder; seine Einzelaugen sind alle nach oben gerichtet. Die Larve (großes Bild) ist sehr schlank, mit kleinen, seitlich am Hinterleib ansetzenden Kiemenblättchen. §

Gelbe Eintagsfliege

Potamanthus luteus · Ordng. Eintagsfliegen

Imago (kleines Bild) leuchtend gelb gefärbt, mit grünen Augen und 3 langen Schwanzfäden, die sehr leicht abbrechen.

FS 25–30 mm. FZ Jun–Aug

Vorkommen An größeren, sauberen und nicht allzu schnell bewegten Fließgewässern; überall stark zurückgegangen.

Wissenswert! Die Larve (großes Bild) trägt gegabelte, lang bewimperte Kiemenfäden an den Hinterleibsseiten. Sie hält sich für gewöhnlich an der Ober- oder Unterseite größerer Steine auf, von deren Algenbewuchs sie sich ernährt. Durch ihre flach ausgebreiteten Kiemenfäden vergrößert sie die Kontaktfläche zum Untergrund und verringert so die Gefahr, von der Strömung fortgespült zu werden. §

Zweifädige Eintagsfliege

Epeorus sylvicola · Ordnung Eintagsfliegen

Larve (Bild) mit nur 2 Schwanzfäden und stark abgeflachtem Körper sowie flach ausgebreiteten Kiemenblättchen.

Imago (nicht abgebildet): FS 30–40 mm; ebenfalls nur 2 Schwanzfäden. FZ Jul–Aug

Vorkommen In sauberen und schnell fließenden Bächen mit steinigem Grund; nur im Bergland und in den Alpen; nicht häufig.

Wissenswert! Durch die strömungsgünstige Körperform kann die Larve frei auf Steinen umherlaufen, ohne fortgespült zu werden. In stehendem Wasser erstickt sie aber, da sie anders als verwandte Arten ihre Kiemenblättchen nicht bewegen und somit kein frisches Atemwasser herbeistrudeln kann.

Ähnlich Sehr ähnlich gebaut sind die Larven der Gattung *Ecdyonurus*. Sie haben jedoch 3 Schwanzfäden und an den Halsschildseiten einen nach hinten gerichteten Fortsatz.

Rheinmücke

Oligoneuriella rhenana · Ordng. Eintagsfliegen

Larve (Bild) torpedoförmig, oberseits gewölbt, unterseits flach; seitlich am Hinterleib winzige Kiemenblättchen.

Imago (nicht abgebildet) mit einer Flügelspannweite von 25–35 mm; Färbung gelblich weiß, Flügel weißlich getrübt, fast ohne Queradern. FZ Jul–Sep

Vorkommen In schnell fließenden, sauberen Flüssen; überall selten geworden.

Wissenswert! Die Larve kann sich mit ihren Mundwerkzeugen an Steinen festheften und dadurch selbst starker Strömung standhalten. Die Subimago häutet sich im Flug bereits wenige Minuten nach dem Schlupf in die Imago. Dabei wird nur die Körperhülle abgestreift, die Flügel bleiben in den Flügeln der Subimago stecken. Noch am gleichen Abend fallen die Tiere, nachdem sie sich im Flug gepaart haben, sterbend ins Wasser zurück. Während ihres kurzen Luftlebens setzen sie sich niemals ab. §

Turbanäugige Eintagsfliege

Gelbe Eintagsfliege

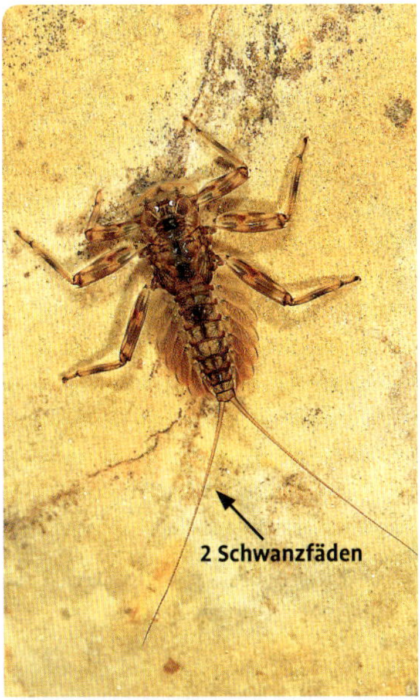

Zweifädige Eintagsfliege

Rheinmücke

Große Steinfliege

Perla marginata · Ordnung Steinfliegen

Körper etwas abgeflacht, überwiegend dunkelgrau, am Hinterende mit 2 etwa fühlerlangen Schwanzfäden.

FS 30–50 mm. FZ Mai–Aug

Vorkommen An sauberen, schnell fließenden, meist steinigen Bächen; im Bergland stellenweise nicht selten, in den Alpen nur bis in eine Höhe von ca. 800 m.

Wissenswert! Die Imago sitzt meist träge in der Ufervegetation an ihrem Entwicklungsgewässer, gern z. B. an Pestwurzblättern. Vor allem bei Störungen fliegt sie manchmal über kurze Stecken, häufiger lässt sie sich fallen und verkriecht sich am Boden. Die Larve (kleines Bild) sieht, von den Flügeln abgesehen, der Imago ähnlich, doch mit deutlicher, heller Fleckenzeichnung, langen Haarsäumen an den Beinen und hellen Kiemenbüscheln an den Brustsegmenten. Sie ist ein ausgesprochener Räuber, der sich von anderen Wassertieren ernährt. Ihre Beute kann dabei fast so groß sein wie sie selbst. §

Ähnlich Die beiden anderen Arten dieser Gattung, *Perla maxima* (diese nur in den Alpen) und *P. burmeisteriana*, ersetzen *P. marginata* in höher bzw. tiefer gelegenen Fließwasserbereichen. Die oft mit *P. marginata* vergesellschaftete *Dinocras cephalotes* (Bild unten) ist vor allem an den kurzflügeligen Männchen (Bild) kenntlich.

Gewöhnliche Steinfliege

Nemoura sp. · Ordnung Steinfliegen

Flügel kurz vor der Spitze mit x-förmiger Aderverzweigung, am Hinterleibsende nur winzige Stummel als verkümmerte Schwanzfäden.

FS 15–22 mm. Erstes und drittes Fußglied gleich lang, zweites kürzer. FZ Mai–Sep. Zahlreiche nur recht schwer zu unterscheidende Arten.

Vorkommen Vorwiegend in sauberen Fließgewässern, die häufigste Art (*Nemoura cinerea*, Larve kleines Bild oben) auch in Gräben und Tümpeln.

Wissenswert! Beim Weibchen quellen kurz vor der Eiablage die Eier aus der Hinterleibsspitze hervor (großes Bild). Sie werden anschließend im Wasser abgestreift. Die Larve besitzt schräg abstehende Flügelscheiden; ihr fehlen Kiemenbüschel. Im Gegensatz zu den räuberischen *Perla*-Larven ernährt sie sich von Pflanzen. §

Gebänderte Steinfliege

Brachyptera seticornis · Ordnung Steinfliegen

Flügel rauchig getrübt, mit dunkleren Querbinden; werden im Sitzen leicht zigarrenförmig eingerollt.

FS 15–30 mm; Schwanzfäden kurz, aus 2 Gliedern, an deren Spitze noch Reste eines 3. Glieds zu erkennen sind. FZ je nach Höhenlage früher oder später im Zeitraum von Mär–Jul

Vorkommen In Quellnähe an sehr sauberen, schnell fließenden Bergbächen mit steinigem Untergrund; in den Mittelgebirgen und im Alpenvorland stellenweise ziemlich häufig.

Wissenswert! Die dunkelbraune Larve tritt vor allem im Winterhalbjahr auf. Sie ähnelt einer *Nemoura*-Larve, ist aber schlanker und langbeiniger. Auch ist bei ihr das zweite der 3 Fußglieder länger als das erste (bei *Nemoura* umgekehrt). Bei starker Beunruhigung rollt sie sich nach Art eines Igels zusammen, sodass die Fühler nach hinten, die Schwanzfäden nach vorn ragen.

Große Steinfliege

Gewöhnliche Steinfliege

Gebänderte Steinfliege

Gebänderte Prachtlibelle

Calopteryx splendens · Familie Prachtlibellen

Körper des ♂ (gr. Bild) metallisch grün oder blau schillernd, Flügel in der Mitte mit breiter, ebenfalls grün oder blau schillernder, blauschwarzer Querbinde.

FS rund 60–70 mm; ♀ (kl. Bild) etwas heller grünmetallisch, z. T. kupfern glänzend, mit leicht grünlich getönten Flügeln ohne dunkle Querbinde. FZ Mai–Sep

Vorkommen An nicht zu schnell fließenden, besonnten Bächen und Flüssen; meist nicht selten.

Wissenswert! Die Männchen der G. P. besetzen am Ufer von Fließgewässern jeweils eigene Reviere, die sie gegenüber Geschlechtsgenossen durch drohendes Flügelspreizen und Flugattacken verteidigen. Ihre auffallenden Flügelbinden spielen dabei eine wichtige Rolle als Signal. Erscheint dagegen ein Weibchen, biegt das Männchen seine Hinterleibsspitze empor und reckt sie diesem entgegen. Dabei wird eine leuchtend weiße Fläche an der Unterseite der letzten Hinterleibsringe sichtbar, die wie ein „weißes Schlusslicht“ wirkt und dem Weibchen signalisiert, dass es sich hier um ein Männchen der „richtigen“ Art handelt (vergleiche Blauflügel-Prachtlibelle). Nach der Paarung zeigt das Männchen dem Weibchen unter auffallendem Auf- und Zuklappen seiner Flügel einen günstigen Eiablageplatz an. Dort setzt dieses sich auf im Wasser treibende Pflanzenstängel und deponiert darin seine Eier. Gelegentlich taucht es bei der Eiablage auch vollständig unter den Wasserspiegel hinab. Das Männchen bewacht unterdessen die Szenerie und vertreibt störende Artgenossen. Während der langen jährlichen Flugzeit dieser Art schlüpfen immer wieder neue Individuen. Die einzelnen Tiere leben jeweils nur wenige Wochen. §

Blauflügel-Prachtlibelle

Calopteryx virgo · Familie Prachtlibellen

Färbung des ♂ (großes Bild) ähnlich der oben vorgestellten Art, die grün oder blau schillernde Flügelbinde füllt aber fast die gesamte Flügelfläche aus.

FS 60–70 mm; Flügel nur unmittelbar an Flügelbasis und -spitze mit bräunlich getrübten, durchscheinenden Flächen; ♀ mit bräunlich getönten Flügeln. FZ Mai–Aug

Vorkommen An sauberen, meist schmalen Fließgewässern mit naturnaher Ufervegetation; fast überall deutlich seltener als die Schwesterart.

Wissenswert! Während die B. eher an schattigen Uferabschnitten schnell fließender, schmaler Bäche auftritt, zeigt die Gebänderte Prachtlibelle ihre größte Häufigkeit an voll besonnten, träger dahinfließenden Flussabschnitten. Dennoch kommen beide oft im gleichen Lebensraum vor. Zur Vermeidung von Fehlpaarungen besitzt das Männchen der B. ein deutlich anderes „Schlusslicht“ als das der Gebänderten Prachtlibelle: Die Unterseite seiner Hinterleibsspitze leuchtet grell karminrot.

Die Larve (kleines Bild) ist sehr schlank und langbeinig und trägt ziemlich lange Fühler. Sie hält sich meist in Uferhöhlungen oder unter Pflanzenbüscheln, die ins Wasser ragen, verborgen. Mit ihren langen Fühlern ertastet sie möglicherweise bei schlechten Lichtverhältnissen ihre Beutetiere. Die Larven der beiden heimischen Prachtlibellenarten sind am besten anhand ihrer 3 Kiemenblättchen am Hinterende zu unterscheiden: Bei der B. sind diese gleich breit und mit jeweils einer hellen Querbinde gezeichnet; bei der Gebänderten Prachtlibelle dagegen ist das mittlere Blatt breiter als die äußeren, und alle Blättchen tragen 2 Querbinden. §

Gebänderte Prachtlibelle

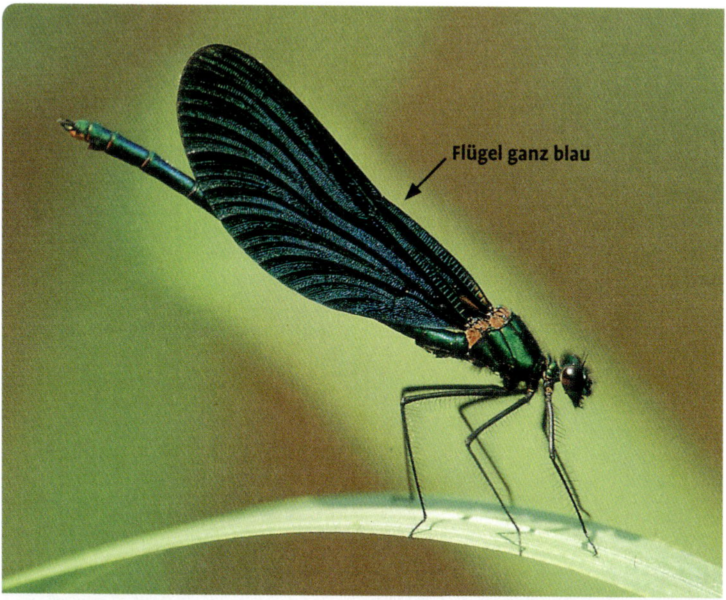

Blauflügel-Prachtlibelle

Gewöhnliche Binsenjungfer

Lestes sponsa · Familie Teichjungfern

Färbung grün oder kupfern metallisch, ♂ am Anfang und Ende des Hinterleibs hellblau bereift.

FS 40–50 mm. FZ Jun–Okt

Vorkommen Vor allem an flachen, mit Binsen bewachsenen Gewässern; gebietsweise häufig.

Wissenswert! Wie alle *Lestes*-Arten spreizt die G. B. im Sitzen ihre Flügel schräg auseinander. Hierdurch unterscheidet sie sich deutlich von den übrigen Kleinlibellen, zu denen auch noch die Prachtlibellen (⇨ S. 26) sowie die Feder- und Schlanklibellen (⇨ S. 30) gezählt werden, die ihre Flügel meist flach über dem Hinterleib zusammenlegen.

Bei der Paarung greift das Männchen mit seinen Hinterleibszangen ein Weibchen hinter dem Kopf (linkes großes Bild), krümmt dann seinen Hinterleib so weit nach unten, bis dessen Spitze mit der Geschlechtsöffnung das Begattungsorgan an der Hinterleibsbasis berührt, und „betankt" dieses mit Sperma (linkes kleines Bild). Daraufhin biegt das Weibchen seine Hinterleibsspitze zum Begattungsorgan des Männchens. Dabei entsteht das typische herzförmige „Paarungsrad" (rechtes großes Bild). Nach der Paarung sticht das Weibchen seine Eier mit dem Legebohrer in einen Binsenstängel hinein. Die Larve (rechtes kleines Bild) besitzt dunkel quer gebänderte Kiemenblättchen. Die feinen Seitenadern zweigen fast rechtwinklig von der Mittelader ab. §

Weidenjungfer

Chalcolestes viridis · Familie Teichjungfern

Färbung grünmetallisch bis kupfern, ohne blaue Bereifung, Flügelmal hellbraun.

FS 50–55 mm. FZ Jul–Okt

Vorkommen Vor allem an künstlichen Gewässern wie Fischteichen und Baggerseen; fast überall häufig.

Wissenswert! Die W. legt ihre Eier in Zweigen von Ufergehölzen ab. Die Paare versammeln sich oft scharenweise an günstig liegenden, über das Wasser ragenden Erlen- oder Weidenzweigen, unter deren Rinde das Weibchen die Eier einbohrt. Hierdurch kommt es zu paarigen, blasenförmigen Anschwellungen, zwischen denen jeweils das Einstichloch erkennbar ist (kl. Bild). Die Eier überwintern. §

Gewöhnliche Winterlibelle

Sympecma fusca · Familie Teichjungfern

Färbung bei beiden Geschlechtern braun mit schwarzer, z. T. kupfern glänzender Zeichnung.

FS 45–50 mm. FZ Jul–Mai

Vorkommen An Teichen und Tümpeln, besonders solchen mit schilfbewachsenen Ufern; stellenweise nicht selten.

Wissenswert! Die G. W. legt wie die meisten Kleinlibellen, aber anders als die übrigen Arten ihrer Familie, in der Ruhelage die Flügel übereinander. Neben einer 2. Art ihrer Gattung (der sehr ähnlichen, aber viel selteneren Sibirischen Winterlibelle, *S. paedisca*) ist sie die einzige heimische Libelle, die den Winter als Imago übersteht. Sie sucht hierzu oft weit vom Entwicklungsgewässer entfernte, geschützt liegende Plätze auf und setzt sich dort in Bodennähe ab. Je nach Witterung kann sie dann einschneien oder vom Reif überzogen werden (Bild). Erst nach der Überwinterung schreitet sie im März oder April zur Fortpflanzung. §

Gewöhnliche Binsenjungfer bei der Paarung (rechts)

Weidenjungfer 4 Paare bei der Eiablage

Gewöhnliche Winterlibelle im Raureif

Blaue Federlibelle

Platycnemis pennipes · Familie Federlibellen

Schienen der Mittel- und Hinterbeine, bes. beim ♂ (Bild), verbreitert und abgeflacht, am Rand mit steifen Borsten.

FS 40–50 mm. FZ Mai–Sep

Vorkommen An stehenden und langsam fließenden Gewässern meist nicht selten.

Wissenswert! Die etwas an Federn erinnernden verbreiterten Schienen werden als optische Signale bei der Balz eingesetzt: Die Männchen tanzen im Flug vor den sitzenden Weibchen und lassen dabei die Beine mit den hell leuchtenden Unterseiten locker herunterbaumeln. §

Gemeine Becherjungfer

Enallagma cyathigerum · Fam. Schlanklibellen

Oberseite des 2. Hinterleibssegments beim ♂ mit knopfförmiger, an einen Becher erinnernder schwarzer Zeichnung.

FS 40–45 mm. FZ Mai–Sep

Vorkommen Vorwiegend an größeren stehenden Gewässern; fast überall häufig.

Wissenswert! Die himmelblau gefärbten Männchen besiedeln oft in großer Zahl die Uferbereiche von Seen. Sie setzen sich gern zu mehreren übereinander mit rechtwinklig abstehendem Körper an aufrechte Pflanzenstängel. Allein an dieser Haltung sind sie oft schon von weitem erkennbar. §

Hufeisen-Azurjungfer

Coenagrion puella · Familie Schlanklibellen

2. Hinterleibssegment des hellblau gefärbten ♂ mit hufeisenförmiger Zeichnung; ♀ gelbgrünlich, ohne auffallende Zeichnungen.

FS 40–50 mm. FZ Mai–Sep

Vorkommen Vorzugsweise an kleineren stehenden Gewässern eine der häufigsten heimischen Libellen.

Wissenswert! Auch bei dieser Art bleiben die Partner zur Eiablage miteinander verbunden. Die Weibchen setzen sich, oft mehrere dicht nebeneinander, auf schwimmende Pflanzenteile und schieben mit ihrem Legebohrer die Eier ins Pflanzengewebe. Währenddessen stehen die Männchen mit steif aufgerichtetem Körper und angelegten Beinen über der Partnerin (großes Bild) und beobachten die Umgebung.
Die Larve (kleines Bild) ist gelblich oder grünlich und hat ungezeichnete, an der Spitze meist abgerundete, relativ schmale Schwanzblättchen. §

Frühe Adonislibelle

Pyrrhosoma nymphula · Fam. Schlanklibellen

Beide Geschlechter rot mit schwarzen Zeichnungen.

FS 40–50 mm. FZ Mai–Aug

Vorkommen An pflanzenreichen, kleineren Stillgewässern, auch an langsam fließenden Gräben und Bächen; ziemlich häufig.

Wissenswert! Diese kaum verwechselbare Art verhält sich bei der Eiablage sehr unterschiedlich. Oft setzt sich das Paar übereinander an aufragende Pflanzenstängel, mal hintereinander auf im Wasser treibende Pflanzenteile, oder das ♂ steht dort aufrecht über seiner sitzenden Partnerin. §

Große Pechlibelle

Ischnura elegans · Familie Schlanklibellen

Meist beide Geschlechter blau, Hinterleib oberseits außer dem leuchtend blauen drittletzten Segment schwarz.

FS 35–45 mm. FZ Mai–Sep

Vorkommen Vor allem an kleineren stehenden Gewässern überall häufig.

Wissenswert! Das Weibchen legt die Eier stets allein in schwimmenden Pflanzenteilen ab. Um bei dieser Tätigkeit nicht unnötig durch partnersuchende Männchen gestört zu werden, wählt es dafür meist versteckte Stellen im Schilfdickicht, bevorzugt in den frühen Abendstunden. §

Blaue Federlibelle

Gemeine Becherjungfer

Hufeisen-Azurjungfer 4 Paare bei der Eiablage

Frühe Adonislibelle

Große Pechlibelle

Blaugrüne Mosaikjungfer

Aeshna cyanea · Familie Edellibellen

♂ (großes Bild) schwarzbraun mit hellgrüner, seitlich und hinten auch blauer, mosaikartiger Zeichnung, ♀ (linkes kleines Bild) ohne Blau.

FS 90–100 mm; Augen, wie für fast alle Großlibellen (die auf dieser und den folgenden Seiten vorgestellten Familien) typisch, sehr groß und aneinanderstoßend. FZ Jun–Nov

Vorkommen An kleineren stehenden Gewässern, oft an Gartenteichen; überall eine der häufigsten heimischen Libellenarten.

Wissenswert! Das ♂ sucht sehr ausdauernd an Gewässerufern nach ♀♀, die sich dort zur Eiablage niederlassen (linkes kleines Bild). Dabei inspiziert es auch furchtlos Menschen, die sein Revier betreten. Dies wird von ihm bisweilen als Angriffsverhalten fehlgedeutet und hat zu Volksnamen wie „Teufelsnadel“ und „Augenstecher“ geführt. In Wahrheit können Libellen einen Menschen weder stechen noch ihm auf andere Weise gefährlich werden.
Die Larve (rechtes kleines Bild) ist hellbraun bis fast schwarz gefärbt, mit schräg nach vorn gerichteten Augen. Sie entwickelt sich nicht selten in großer Zahl in Gartenteichen. Wie bei allen Libellenlarven bilden ihre Mundwerkzeuge eine Fangmaske, die in Ruhelage unter dem Kopf eingeklappt ist, zum Beutefang aber vorgeschnellt werden kann. Mit ihr ergreift sie z. B. Kaulquappen und Fischbrut, genauso aber auch unzählige Mückenlarven, die in vielen Gewässern die Hauptnahrung darstellen. §

Große Königslibelle

Anax imperator · Familie Edellibellen

Brustabschnitt des ♂ (großes Bild) fast einfarbig grün, Hinterleib blau mit schwarzem Längsband.

Mit 90–105 mm Flügelspannweite die größte heimische Libellenart; beim ♀ Hinterleib grünblau mit braunem Band. FZ Jun–Aug

Vorkommen An pflanzenreichen, kleinen bis mittelgroßen Stillgewässern; meist nicht selten.

Wissenswert! Die Männchen dieser großen und kräftigen Art patrouillieren ausdauernd über ihrem Entwicklungsgewässer hin und her und vertreiben meist auch andere Libellenarten aus ihrem Revier. Die Larve (kleines Bild) hat zur Seite gerichtete, breit gewölbte Augen. Anders als bei den meisten Arten schlüpfen bei der G. K. die Tiere eines Gewässers fast gleichzeitig. §

Früher Schilfjäger

Brachytron pratense · Familie Edellibellen

Körper im Vergleich zu anderen Edellibellen etwas untersetzter und deutlicher behaart.

FS 70–80 mm. FZ Mai–Jul.

Vorkommen Vorwiegend in Flusstälern an Gräben, Teichen und Altwassern; ziemlich selten.

Wissenswert! Die Männchen fliegen wie die der verwandten Arten sehr ausdauernd entlang der Ufer auf und ab und sind kaum einmal sitzend zu beobachten. Die Larve (kleines Bild) hat kleine, knopfförmige Augen. Sie sitzt gern an der Unterseite von auf dem Wasser schwimmenden abgestorbenen Pflanzenteilen und Holzstücken. Nimmt man diese Teile aus dem Wasser, presst sie sich eng an die Unterlage und ist dank ihrer Färbung und Körperform kaum noch zu erkennen. §

Blaugrüne Mosaikjungfer

Große Königslibelle

Früher Schilfjäger bei der Paarung

Gewöhnliche Keiljungfer

Gomphus vulgatissimus · Familie Flussjungfern

♂ mit hinten keilförmig erweitertem Hinterleib, Beine ganz schwarz.

FS 60–70 mm; Augen, anders als sonst bei den Großlibellen üblich, voneinander getrennt. FZ Mai–Jul
Vorkommen An sandigen oder steinigen, unverschmutzten, nicht zu turbulenten Fließgewässern, daneben auch an sauberen, kiesigen Seen; durch Wasserverunreinigung stark zurückgegangen und gebietsweise schon ganz verschwunden.
Wissenswert! Die Larve (rechtes Bild) hat einen sehr breit und flach gebauten Körper. Mit ihren kräftigen Grabbeinen vergräbt sie sich tagsüber meist vollständig im Gewässerboden. Nachts verlässt sie ihr Versteck und streift beutesuchend am Gewässergrund umher. §

Ähnlich Die **Westliche Keiljungfer** *Gomphus pulchellus* besitzt einen schmäleren Hinterleib und gelb gestreifte Beine. §

Zweigestreifte Quelljungfer

Cordulegaster boltonii · Familie Quelljungfern

Mittlere Hinterleibsringe mit jeweils 2 gelben Querstreifen.

FS 85–95 mm. FZ Jun–Aug
Vorkommen An sauberen, schmalen Fließgewässern, z. T. an Rinnsalen; nicht häufig.
Wissenswert! Die Larve (rechtes Bild) ist kurz und kräftig gebaut, ihre Flügelscheiden laufen schräg an den Hinterleibsseiten herab. Sie gräbt sich fast vollständig in den Bodengrund ein. Vorn bleiben aber Kopf und Vorderbeine, hinten die Hinterleibsspitze frei. So ist sie für Feinde fast unsichtbar, kann aber über ihre Enddarmöffnung den im Darm liegenden Kiemen frisches Atemwasser zuführen und gleichzeitig mögliche Beutetiere erkennen. Diese schnappt sie durch Vorschnellen ihrer Fangmaske. §

Ähnlich Die **Gestreifte Quelljungfer** *Cordulegaster bidentata* trägt auf den mittleren Hinterleibsringen nur je 1 gelben Querstreifen. §

Gewöhnliche Smaragdlibelle

Cordulia aenea · Familie Falkenlibellen

Färbung metallisch dunkelgrün bis kupfern, Augen leuchtend smaragdgrün; Hinterleib des ♂ im hinteren Teil keulenförmig erweitert.

FS 60–70 mm. FZ Mai–Aug
Vorkommen Vor allem an pflanzenreichen Teichen und Tümpeln, besonders solchen mit Schilffluren; im südlichen D ziemlich häufig, im N seltener.
Wissenswert! Die Männchen fliegen ähnlich den Edellibellen sehr ausdauernd über der Wasserfläche hin und her und setzen sich höchstens kurz ab. Die Larve (rechtes Bild) ist kurz und breit mit auffallend langen, spinnenartigen Beinen. §

Ähnlich Beim ♂ der **Glänzenden Smaragdlibelle** *Somatochlora metallica* ist der Hinterleib in der Mitte am breitesten. Die Larve hat viel kürzere Beine. §

Gewöhnliche Keiljungfer Imago (links) und Larve (rechts)

Zweigestreifte Quelljungfer Imago (links) und Larve (rechts)

Gewöhnliche Smaragdlibelle Imago (links) und Larve (rechts)

Vierfleck

Libellula quadrimaculata · Fam. Segellibellen

♂ und ♀ braun, am Vorderrand jedes Flügels 2 schwarzbraune Male.

FS 65–80 mm. FZ Mai–Aug

Vorkommen An Teichen und Tümpeln fast überall ziemlich häufig, besonders an Moorgewässern.

Wissenswert! Die nur Sekunden dauernde Paarung wird im Flug vollzogen. Anschließend kreist das Männchen über dem Weibchen, das seine Eier im Flug mit wippenden Bewegungen ins Wasser abwirft. Die plumpe Larve hat zwischen den Augen eine breite schwarzbraune Querbinde. §

Plattbauch

Libellula depressa · Familie Segellibellen

Hinterleib breit, flach, beim ♂ (Bild) blau bereift, beim ♀ braun, mit gelben, halbmondförmigen Randzeichnungen.

FS 65–75 mm. FZ Mai–Aug

Vorkommen An kleineren stehenden Gewässern mit schwach entwickelter Vegetation, sogar an Pfützen; ziemlich häufig.

Wissenswert! Der P. gehört zu den regelmäßigen Erstbesiedlern frisch angelegter Gartenteiche. Wenn 2 Jahre später die nachfolgende Generation schlüpft, ist der Teich meist so dicht bewachsen, dass die Tiere wieder abwandern. §

Gewöhnliche Heidelibelle

Sympetrum vulgatum · Familie Segellibellen

Hinterleib beim ♂ (linkes gr. Bild) leuchtend rot, beim ♀ (rechtes gr. Bild) erst bräunlich, später oft ebenfalls rot.

FS 50–60 mm; Beine gelb gestreift. FZ Jul–Nov

Vorkommen An stehenden Gewässern; überall häufig.

Wissenswert! Die G. H. legt wie alle Heidelibellen die Eier paarweise ab. Nach der Paarung behält das ♂ seinen Zangengriff bei und fliegt mit der Partnerin als „Tandem" zum Gewässerufer. Hier wippt das ♀ mit dem Hinterleib und wirft dabei jedesmal einige Eier ins flache Wasser. Das angekoppelte ♂ überwacht die Umgebung und kann sich beim Auftauchen einer Gefahr mit seiner Partnerin blitzschnell in Sicherheit bringen.

Die Larven (kleines Bild) schlüpfen im folgenden Frühjahr und ergeben bereits im Sommer die neue Libellengeneration. Zu erkennen sind sie an den spitzen Seiten- und Rückendornen am Hinterleib. §

Gebänderte Heidelibelle

Sympetrum pedemontanum · Fam. Segellibellen

Flügel mit breiter, schwarzer Binde, Hinterleib und Flügelmal beim ♂ (Bild) rot, beim ♀ bräunlich.

FS 45–55 mm. FZ Jul–Okt

Vorkommen An Teichen, Tümpeln, Gräben u. langsam fließenden Gewässern; meist ziemlich selten; am häufigsten im östl. Alpenvorland, am Oberrhein und im östl. D.

Wissenswert! Im Flug erzeugen die dunklen Flügelbinden ein eigenartiges Flimmern, das die Körpergestalt der Libelle auflöst und so eine Verfolgung durch Fressfeinde erschwert. §

Große Moosjungfer

Leucorrhinia pectoralis · Familie Segellibellen

Stirn weiß, ♂ (Bild) mit gelbem Fleck auf dem 7. Hinterleibssegment.

FS 60–70 mm. FZ Mai–Jul

Vorkommen Im Randbereich von Mooren an pflanzenreichen Kleingewässern; ziemlich selten.

Wissenswert! Ihre Seltenheit rührt wohl daher, dass sie Gewässer mit moorigem Untergrund benötigt, die mit Laichkräutern und anderen Blütenpflanzen bewachsen sind, sich jedoch in den sehr sauren Gewässern der Hochmoor-Kernbereiche anscheinend nicht entwickeln kann. §

Vierfleck

Plattbauch

Gewöhnliche Heidelibelle

Gebänderte Heidelibelle

Große Moosjungfer

Küchenschabe

Blatta orientalis · Ordnung Schaben

Flügel beim ♂ (gr. Bild) rotbraun und etwas kürzer als der Hinterleib, beim ♀ (kl. Bild) schwarz und stark verkürzt.

KL 19–25 mm. Ganzjährig.

Vorkommen Nur in Gebäuden; früher überall häufig, in neuerer Zeit aber durch Bekämpfungsmaßnahmen und bessere Hygienebedingungen selten geworden; heute vor allem noch in Altbauten, insbesondere in Gaststätten und Bäckereien.

Wissenswert! Die lichtscheue K. kommt erst in der Abenddämmerung hervor. Sie ernährt sich von Küchenabfällen und Nahrungsvorräten und kann dabei auch Krankheiten übertragen. Die Eier werden zu etwa 15 Stück in einer festen braunen Eikapsel abgelegt, die das Weibchen an der Hinterleibsspitze trägt und erst kurz vor dem Schlupf der Larven abwirft.

Deutsche Schabe

Blattella germanica · Ordnung Schaben

Färbung gelblich oder hellbraun, Flügel bei beiden Geschlechtern die Hinterleibsspitze überragend.

KL 11–13 mm. Ganzjährig.

Vorkommen Nur in Gebäuden; heute viel seltener als früher, doch stellenweise vor allem in Altbausiedlungen noch häufig; mehr als die Küchenschabe auch in Wohnungen.

Wissenswert! Die außerordentlich flinke, nachtaktive Art ist sehr schwer zu fangen, da sie sich blitzschnell in Spalten verbirgt, wenn man sie außerhalb ihres Verstecks überrascht. Daher gestaltet sich eine Bekämpfung ohne Gift ausgesprochen schwierig. Das Weibchen legt mit bis zu 50 Eiern deutlich mehr Eier in ein Eipaket als die Küchenschabe. (Kl. Bild)

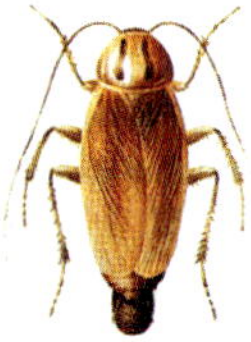

Lappländische Waldschabe

Ectobius lapponicus · Ordnung Schaben

Halsschild beim ♂ (oberes Tier) schwarz mit unscharf begrenztem, hellerem Rand, beim ♀ (unteres Tier) hellbraun.

KL 7–11 mm; Flügel des ♀ etwas verkürzt. Mai–Sep

Vorkommen An Wald- und Wegrändern im Gebüsch und am Boden, überall ziemlich häufig; auch in Gärten.

Wissenswert! Diese kleine Schabenart kommt bei uns nur im Freiland vor. Sie verirrt sich zwar auch in Gebäude, kann sich dort aber nicht halten.

Ähnlich Bei der **Echten Waldschabe** *Ectobius sylvestris* haben beide Geschlechter ein scharf weiß gerandetes Halsschild. Die Flügel des Weibchens (Bild) sind stark verkürzt.

Gewöhnlicher Ohrwurm

Forficula auricularia · Ordnung Ohrwürmer

Hinterleib am Ende mit langen, ungegliederten Zangen, die beim ♂ (großes Bild) stark gebogen und innen gezähnt sind.

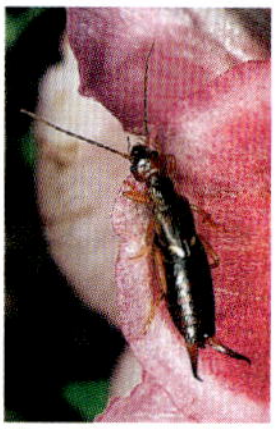

Zangen beim ♀ (kleines Bild) fast gerade. Ganzjährig.

Vorkommen Besonders in offenem Gelände und im Siedlungsbereich überall häufig.

Wissenswert! Unter den Vorderflügelschuppen liegen die häutigen Hinterflügel verborgen. Sie sind fächerförmig längs und mehrfach quer gefaltet und ragen als Zipfel unter den Schuppen hervor. Zu ihrer Entfaltung dienen die Hinterleibszangen, doch ist der G. O. offenbar flugunfähig. Das Weibchen legt im Frühjahr in einer Erdhöhle seine Eier ab und bewacht sie bis zum Schlüpfen der Larven.

Küchenschabe

Deutsche Schabe

Lappländische Waldschabe
bei der Paarung

Gewöhnlicher Ohrwurm Männchen

Gottesanbeterin

Mantis religiosa · Ordnung Fangschrecken

Färbung grün oder braun, selten gelb; Vorderbrust stark verlängert, Vorderbeine zu klappmesserartigen, stark bedornten Fangbeinen umgewandelt.

KL 45–75 mm. Jul–Nov

Vorkommen In M.-EU nur an warmen, klimatisch begünstigten Orten, z. B. im Oberrheintal, im Saartal, in Südtirol und der Südschweiz; selten, doch in letzter Zeit stellenweise in Ausbreitung begriffen.

Wissenswert! Die G. lauert im Allgemeinen fast unbeweglich mit gebetsartig erhobenen Vorderbeinen auf Beute. Dabei ist sie durch ihre Färbung meist ausgezeichnet getarnt. Sie erbeutet verschiedene andere Insekten, etwa Fliegen und Grashüpfer, die – oft nach zeitlupenartigem Anpirschen – blitzschnell mit den Fangbeinen ergriffen und den Mundwerkzeugen zugeführt werden (oberes kleines Bild).

Nur das Männchen ist flugfähig. Zur Paarung schleicht es sich von hinten an das

Weibchen heran und springt dann plötzlich auf den Rücken der Partnerin. Ist diese paarungswillig, verhält sie sich passiv und lässt das Männchen die oft stundenlange Paarung vollziehen. Unmittelbar danach erwacht sie jedoch aus ihrer Lethargie und betrachtet den Gatten nunmehr als willkommene Beute, sollte dieser sich zwischenzeitlich nicht in Sicherheit gebracht haben. Nach einigen Tagen legt das Weibchen die Eier, eingebettet in ein schaumiges, später erstarrendes Sekret (unteres kleines Bild), an einem Stein oder Zweig ab. §

Erdholztermite

Reticulitermes lucifugus · Ordnung Termiten

Arbeiter mit 2–3 mm Körperlänge, weißlich; Soldaten 3–5 mm lang, ebenfalls weißlich, mit vergrößertem, gelbbraunem Kopf und scherenförmigen, schwarzen Kiefern.

Geschlechtstiere 6–9 mm groß, dunkelbraun, zur Schwärmzeit mit langen, schmalen Flügeln. Ausgewachsene Tiere ganzjährig auftretend.

Vorkommen Im Mittelmeergebiet weit verbreitet und stellenweise häufig.

Wissenswert! E. leben unterirdisch unter Steinen oder oberirdisch in abgestorbenen Bäumen in sehr volkreichen Staaten. Sie ernähren sich von Holz, das sie mit Hilfe besonderer Einzeller in ihrem Darm verdauen können. Die große Masse des Volkes besteht aus Larven, die nie erwachsen werden und sich als Arbeiter um alle Nestbauaktivitäten zu kümmern haben. Einige von ihnen wachsen zu großköpfigen Soldaten heran, die vor allem Verteidigungsaufgaben wahrnehmen. Im Frühjahr wachsen wieder andere Larven zu Geschlechtstieren heran, die zum Hochzeitsflug ausschwärmen. Wenn sich ein Paar gefunden hat, werfen die Tiere ihre Flügel ab, ziehen sich in einen Schlupfwinkel zurück, paaren sich und begründen als Königin und König einen neuen Staat.

Ähnlich Bei der etwas größeren **Gelbhalstermite** *Kalotermes flavicollis* haben die bis zu 11 mm großen Geschlechtstiere ein gelbes Halsschild. Die Soldaten sind etwas dunkler als die der Erdholztermite und besitzen gezähnte Kiefer.

Gottesanbeterin

Erdholztermite weißliche Arbeiter und geflügelte Geschlechtstiere

Grünes Heupferd

Tettigonia viridissima · Familie Laubheuschrecken

Färbung grün, oft am Rücken braun; Flügel die Hinterknie weit überragend, Legebohrer des ♀ etwa bis zur Flügelspitze reichend.

KL 28–42 mm. Jul–Okt

Vorkommen An Wegrändern, auf Trockenwiesen und im Siedlungsbereich überall häufig.

Wissenswert! Diese recht große Art ist durch ihre Färbung in der Vegetation nicht leicht zu entdecken. Sie ernährt sich vorwiegend von Raupen und anderen Insekten, auch von Kartoffelkäferlarven, kaum dagegen von Pflanzen, sodass sie sich als durchaus nützlich erweist.

Das Männchen lässt etwa ab den Mittagsstunden bis tief in die Nacht seinen charakteristischen Gesang ertönen. Dabei sitzt es kopfunter meist auf einer etwas erhöhten Pflanze und reibt die beiden Vorderflügel aneinander. Der Ton entsteht, indem eine geriefte Schrillader auf der Unterseite des oben liegenden Flügels über eine vorstehende Schrillkante des unteren Flügels gerieben wird. Eine rundliche Membran in den Flügeln dient als Verstärker. Der hochfrequente Gesang besteht aus einem weichen Schwirren, das durch eine kurze Pause nach jedem 2. Tonstoß etwas zerhackt wirkt.

Das Weibchen versenkt die Eier mit seinem langen Legebohrer ins Erdreich, wo sie meist zweimal überwintern, bevor die Larven schlüpfen.

Ähnlich Beim etwas kleineren **Zwitscherheupferd** *Tettigonia cantans* reichen die Flügel nur bis zu den Hinterknien; sie werden beim Weibchen (Bild) vom Legebohrer weit überragt. Diese Art lebt mehr auf feuchten Wiesen und im Gebirge und erzeugt einen sehr schrillen, gleichmäßig schwirrenden Gesang.

Warzenbeißer

Decticus verrucivorus · Familie Laubheuschrecken

Färbung braun oder grün, gelegentlich fast schwarz, meist mit helldunkler Flügelfleckung; Körperbau recht plump, Flügel nur wenig über den Hinterleib hinausragend.

KL 24–44 mm. Jun–Okt

Vorkommen Vorwiegend auf trockenem, niedrig mit Gras bewachsenem Gelände; im Bergland häufiger als in der Ebene.

Wissenswert! Der Name Warzenbeißer geht auf einen alten Volksglauben zurück. Danach soll sich der Biss dieser Heuschrecke, bei dem meist auch etwas Darmsaft in die Bissstelle geträufelt wird, zur Bekämpfung von Warzen eignen. Der W. lebt am Boden und ist deshalb auf offene Flächen angewiesen.

Sein Gesang besteht aus deutlich voneinander getrennten, hochfrequenten Tonstößen, die zunächst stockend, dann in immer schnellerer Folge aneinandergereiht werden. Dabei drängt sich der Vergleich mit einem alten Traktor auf, dessen Motor erst allmählich zum Laufen kommt. Das durch den Gesang angelockte Weibchen besteigt das Männchen zur Paarung. Dieses wiederum stellt sich jetzt auf den Kopf und umklammert mit den Vorderbeinen den weiblichen Legebohrer. Dann heftet es eine aus Gallerte mit darin eingebetteten Spermien bestehende Spermatophore an die Geschlechtsöffnung des Weibchens. §

Ähnlich Die sehr seltene, in M.-EU fast ausgestorbene **Heideschrecke** *Gampsocleis glabra* sieht aus wie ein kleiner Warzenbeißer. Sie kann ebenfalls grün oder braun gefärbt sein, ist aber etwas schlanker. In D kommt sie nur noch in der Lüneburger Heide vor. §

Grünes Heupferd

Warzenbeißer

Roesels Beißschrecke

Roeseliana roeselii · Fam. Laubheuschrecken

Färbung grün oder braun, Halsschildseiten mit scharf abgesetztem, hellem Randstreifen; Flügel etwa bis zur Hinterleibsmitte.

KL 14–18 mm. Jul–Okt

Vorkommen Auf trockenen und feuchten Wiesen, auch auf regelmäßig gedüngten Flächen; überall häufig.

Wissenswert! R.B. gehört zu den anspruchslosesten heimischen Langfühlerschrecken (zu denen neben den Laubheuschrecken auch die Grillen zählen). Sie scheint sich selbst noch auf mit Gülle gedüngten Löwenzahnwiesen wohlzufühlen, die von fast allen übrigen Heuschrecken gemieden werden.

Ihr Gesang besteht aus einem zarten und gleichmäßigen, hochfrequenten Schwirrton, der über einen langen Zeitraum vorgetragen wird. Bei starker Vermehrung treten auch Tiere mit voll entwickelten, den Hinterleib weit überragenden Flügeln auf.

Gewöhnl. Strauchschrecke

Pholidoptera griseoaptera · Fam. Laubheusch.

Färbung grau oder braun, Bauch gelb; Flügel des ♂ (Bild) etwa von Halsschildlänge, beim ♀ winzig.

KL 13–18 mm. Jul–Okt

Vorkommen An Waldrändern und in Gebüschen; fast überall häufig, nur im nördlichen D seltener.

Wissenswert! Die G.S. hält sich vorzugsweise in Bodennähe im Gebüsch auf. Sie lebt wie die meisten Langfühlerschrecken teils von tierischer, teils von pflanzlicher Nahrung. Das Männchen erzeugt sehr schrille, kurze Zirptöne. Selbst bei trübem Wetter und auch noch nach den ersten Nachtfrösten sind diese bis spät in die Nacht zu hören. Bei niedriger Temperatur verlangsamen sich die Flügelbewegungen; dann kann man feststellen, dass die vermeintlichen Einzellaute jeweils aus 3 einzelnen Tonstößen bestehen. Die Eier werden vom Weibchen mit dem Legebohrer ins Erdreich oder in Pflanzenstängel versenkt.

Gewöhnliche Eichenschrecke

Meconema thalassinum · Familie Laubheuschrecken

Färbung hellgrün, Flügel nur wenig über die Hinterleibsspitze hinausragend; ♀ (Bild) mit langem, säbelförmigem Legebohrer.

KL 12–15 mm. Jul–Nov

Vorkommen In Laubwäldern, insbesondere Eichenwäldern, regelmäßig auch in Gärten und Parkanlagen; überall ziemlich häufig.

Wissenswert! Die nachtaktive Art hält sich tagsüber meist unter Eichenblättern verborgen. Sie ernährt sich offenbar ausschließlich von anderen Insekten, etwa Raupen und Blattläusen. Sie wird stark von Licht angezogen und erscheint daher regelmäßig an erleuchteten Fenstern. Ungewöhnlich ist bei ihr die Tonerzeugung. Das Männchen setzt sich hierzu bei völliger Dunkelheit auf ein Blatt und erzeugt mit einem seiner Hinterbeine einige kurze, schnurrende Trommelwirbel. Der letzte dieser Trommelwirbel ist jeweils etwas ausgedehnter, sodass sich die resultierende Lautfolge etwa mit „trrr-trrr-trrr-trrr-trrrrrrrr" umschreiben lässt. Das Blatt dient dem Tier als Resonanzboden und bewirkt, dass das Trommeln einige Meter weit zu hören ist. Das Hörorgan liegt wie bei allen Langfühlerschrecken dicht unter den Knien der Vorderbeine. Hier ist es als ovale Öffnung gut zu erkennen (bei vielen anderen Arten ist es bis auf einen schmalen Spalt geschlossen).

Ähnlich Die **Südliche Eichenschrecke** *Meconema meridionale* ähnelt durch ihre winzigen, stummelförmigen Flügel eher einer Larve. Sie breitet sich in letzter Zeit in Süddeutschland stark aus.

Roesels Beißschrecke

Gewöhnliche Strauchschrecke

Gewöhnliche Eichenschrecke

Feldgrille

Gryllus campestris · Familie Grillen

Untersetzt und großköpfig, schwarz mit gelb gezeichneten Flügeln; ♀ mit langem, dünnem, ziemlich geradem Legebohrer.

KL 20–26 mm. Mai–Jul

Vorkommen An trockenen, sonnigen Stellen, z. B. auf Magerwiesen und Trockenrasen, besonders im süddeutschen Bergland (hier gebietsweise recht häufig), im norddeutschen Flachland in der letzten Zeit sehr selten geworden.

Wissenswert! Die Tiere leben in selbst gegrabenen Erdröhren, die ungefähr 20 cm schräg hinabführen. Vor der etwa fingerdicken Röhrenmündung wird eine kleine „Arena" durch Abbeißen der Vegetation frei gehalten. Von hier aus lassen die Männchen ihren recht lauten, wohlklingenden Gesang ertönen. Dabei heben sie, wie im großen Bild erkennbar, beide Vorderflügel etwas an und reiben sie gegeneinander. Bei einer Störung flüchten sie in ihre Erdröhre, lassen sich aber leicht durch einen Grashalm wieder hervorkitzeln. Jedes Männchen verteidigt sein Territorium gegenüber Geschlechtsgenossen und liefert sich mit ihnen oft erbitterte Kämpfe. Beim Auftauchen eines Weibchens aber streckt es diesem die Hinterleibsspitze entgegen und geht zu einem viel zarteren Werbegesang über, bis die Partnerin schließlich aufsteigt (kleines Bild). Nun heftet das Männchen eine kleine, bräunliche Spermatophore an die weibliche Geschlechtsöffnung, und das Paar trennt sich wieder. Oft teilt es sich aber anschließend die Wohnung des Männchens für mehrere Tage, wobei es zu weiteren Paarungen kommt. Das Weibchen legt seine Eier meist in der Wohnröhre im Boden ab. Die schwarzen Larven überwintern in einer Erdröhre. §

Heimchen

Acheta domesticus · Familie Grillen

Schlanker als die Feldgrille, hellbraun gefärbt mit dunkleren Zeichnungen auf Kopf und Halsschild.

KL 16–20 mm. Ganzjährig.

Vorkommen In M.-EU fast nur in Gebäuden, besonders an warmen Stellen (z. B. in Bäckereien und Gaststätten), im Sommer auch auf Müllplätzen und an ähnlichen Orten; in den meisten Gegenden nicht selten, aufgrund verbesserter Hygienebedingungen heute aber sehr viel seltener als früher.

Wissenswert! Obwohl die Tiere voll entwickelte Flügel besitzen, machen sie nur höchst selten davon Gebrauch; bei Gefahr fliehen sie stets in schnellem Lauf oder mit kurzen Sprüngen. Ihr Gesang ähnelt sehr dem der Feldgrille, ist aber etwas leiser. An ihren warmen Aufenthaltsorten können sie sich das ganze Jahr hindurch fortpflanzen, sodass Tiere aller Entwicklungsstadien zu allen Jahreszeiten zu finden sind.

Maulwurfsgrille

Gryllotalpa gryllotalpa · Fam. Maulwurfsgrillen

Vorderbeine zu kräftigen Grabschaufeln umgebildet.

KL 35–50 mm. Ganzjährig.

Vorkommen Vorzugsweise an feuchten Orten mit lehmig-sandigem oder torfigem Boden, z. B. in Gärten, Mooren oder Lehmgruben; sehr lückenhaft verbreitet.

Wissenswert! Die M. lebt dicht unter der Erdoberfläche in etwa fingerdicken Gängen. Sie ernährt sich von im Boden lebenden Würmern und Insektenlarven, beißt bei ihrer Grabtätigkeit aber auch Pflanzenwurzeln durch und bringt hierdurch nicht selten Nutzpflanzen zum Absterben. Zur Paarungszeit (Mai/Jun) lassen die Männchen vor allem in der Abenddämmerung einen gleichmäßig schnurrenden Gesang ertönen. Die Weibchen bewachen im Frühsommer in einer Erdhöhle ihr Eigelege (Bild). Die Larvenentwicklung ist erst nach etwa 2 Jahren abgeschlossen, die fertigen Grillen leben danach noch 1 weiteres Jahr.

Feldgrille Männchen singend vor Röhreneingang

Heimchen

Maulwurfsgrille bewacht ihr Eigelege

Italienische Schönschrecke

Calliptamus italicus · Familie Knarrschrecken

Grau oder braun mit dunklerer Fleckenzeichnung und oft hellen Längsstreifen auf Halsschild und Vorderflügeln, Hinterflügel rosa.

KL 15–34 mm; ♂ (großes Bild) mit langen, gebogenen Hinterleibszangen. Jul–Okt

Vorkommen An trockenwarmen Stellen mit sehr lückiger Vegetation; in D sehr selten (z. B. im Rheintal und in Brandenburg), in S-EU fast überall häufig.

Wissenswert! Die I. S. ist durch ihre Färbung auf dem Erdboden gut getarnt, erst in der Bewegung, etwa auf der Flucht, werden ihre leuchtend roten Hinterschienen und die rosa getönten Hinterflügel sichtbar. Die Männchen erzeugen, wie für die Knarrschrecken üblich, mit ihren Oberkiefern leise, etwa 50 cm weit hörbare Zirptöne, besonders beim Zusammentreffen mit Artgenossen. Die Art war noch vor gut 100 Jahren bei uns stellenweise so häufig, dass sie als Schädling bekämpft wurde. Heute gilt sie in D als vom Aussterben bedroht. §

Alpine Gebirgsschrecke

Miramella alpina · Familie Knarrschrecken

Leuchtend grün mit schwarzer Zeichnung, Hinterschenkel unterseits rot.

KL 16–31 mm; Flügel meist stark verkürzt; ganzer Körper fein aufrecht behaart. Jul–Sep

Vorkommen Auf Bergwiesen und feuchten Waldlichtungen; in D nur in den Alpen, im Alpenvorland und im Schwarzwald.

Wissenswert! Man findet diese schöne Heuschrecke oft scharenweise in Höhen um 1000 m in der Nähe von Bergbächen auf Pestwurzblättern. In größerer Höhe (bis 3000 m) tritt sie auch an deutlich trockeneren, spärlich bewachsenen Stellen auf. §

Ähnlich Die ebenfalls kurzflügelige **Gewöhnliche Gebirgsschrecke** *Podisma pedestris* besitzt eine bräunliche Färbung mit z. T. recht bunter Zeichnung. Sie bewohnt trockenes, steiniges Gelände in den Alpen und in einigen Mittelgebirgen. §

Säbeldornschrecke

Tetrix subulata · Familie Dornschrecken

Halsschild nach hinten in einen Dorn verlängert, der die Hinterleibsspitze deutlich überragt.

KL 7–12 mm; Färbung sehr variabel, grau, braun oder schwarz mit unterschiedlichstem Zeichnungsmuster. Ganzjährig.

Vorkommen Vorwiegend an feuchten Stellen in Gewässernähe, fast überall ziemlich häufig.

Wissenswert! Bei dieser Art sind, wie bei allen Dornschrecken, die Vorderflügel zu winzigen, eiförmigen Schuppen rückgebildet. Die Hinterflügel sind dagegen voll entwickelt und ragen nach hinten etwas über den Dorn hinaus. Die S. kann damit sehr gut fliegen. Die Nahrung besteht neben Gräsern auch aus Moosen und Flechten.

Ähnlich Bei der **Gewöhnlichen Dornschrecke** *Tetrix undulata* ist der Dorn stärker gebogen und überragt die Hinterleibsspitze kaum.

Italienische Schönschrecke

Alpine Gebirgsschrecke

Säbeldornschrecke

Europäische Wanderheuschrecke

Locusta migratoria · Familie Feldheuschrecken

Färbung grün oder (seltener) braun, Flügel mit dunklen Würfelflecken; Hinterschienen rot; Halsschild mit scharfem, aufgewölbtem Rückenkiel.

KL 32–54 mm. Jun–Apr

Vorkommen Vor allem in feuchten, sandigen Gebieten, doch auch auf ausgesprochen trockenem, steinigem Gelände; im Mittelmeergebiet weit verbreitet und meist häufig.

Wissenswert! Die auffallend große, scheue Heuschrecke neigte in früheren Jahrhunderten in ihren mediterranen Vorkommensgebieten jahrweise zu Massenvermehrungen. Unter den damit verbundenen Stressbedingungen entwickeln sich die

Tiere zu einer besonderen Form, die sich durch einen flachen Halsschildkiel und eine blassbraune Färbung von den Normaltieren unterscheidet (kleines Bild). Diese sog. Wanderphase organisiert sich zu Wanderschwärmen, die bis nach Mitteleuropa und hier z. T. bis ins norddeutsche Flachland vorstießen und in der Vegetation stellenweise eine Spur der Verwüstung zurückließen. Die aus den Eiern der wandernden Tiere schlüpfenden Larven entwickelten sich wieder zu normalen Heuschrecken der sesshaften Phase und konnten sich unter günstigen Bedingungen bei uns erfolgreich fortpflanzen. Meist erloschen derartige Populationen nach wenigen Jahren wieder. Da es offenbar durch veränderte Bewirtschaftungsmethoden im Mittelmeerraum schon seit über 100 Jahren keine Massenentwicklung mehr gab, dürfte die Art wohl nicht mehr bis nach Mitteleuropa vorstoßen.

Blauflügelige Ödlandschrecke

Oedipoda caerulescens · Familie Feldheuschrecken

Vorderflügel mit dunklen Querbinden, Hinterflügel hellblau gefärbt mit dunkelbrauner Binde.

Körperlänge 15–25 mm

Grundfärbung grau, braun oder rötlich, manchmal fast weiß. Jul–Okt

Vorkommen An warmen Stellen auf sandigem oder steinigem Untergrund; in D ziemlich selten, in S-EU häufig.

Wissenswert! Die Tiere können die Färbung im Lauf ihrer Entwicklung dem Untergrund anpassen und sind daher in ihrer natürlichen Umgebung oft nur schwer zu entdecken. So findet man z. B. auf alten Brandflächen fast schwarze Tiere, während solche auf Kalkfelsen oft weißlich gefärbt sind. Erst wenn man sie aufscheucht, fallen sie durch ihre bunten Hinterflügel ins Auge. §

Sumpfschrecke

Stethophyma grossum · F. Feldheuschrecken

Grundfärbung olivgrün bis bräunlich mit schwarzen, gelben und roten Zeichnungen. ♀ (Bild) oft mehr oder weniger stark weinrot übergossen.

KL 12–39 mm. Jul–Okt

Vorkommen Auf Sumpfwiesen und Mooren; durch den Rückgang der Feuchtgebiete vielerorts selten geworden.

Wissenswert! Die schöne, auffallende Art tritt dort, wo sie noch vorkommt, oft recht zahlreich auf. Die Männchen haben eine eigenartige Methode der Tonerzeugung: Sie schleudern ihre Hinterschienen ruckartig nach hinten (vergleichbar mit einem Pferd, das ausschlägt) und kratzen dabei mit den Dornen am Schienenende über die Flügel. Dadurch entstehen charakteristische Knipslaute, die im Spätsommer oft auf Sumpfwiesen zu hören sind. Die Eier werden, in ein schaumiges, später erhärtendes Sekret eingebettet, vom Weibchen an der Basis von Pflanzen abgelegt. §

Europäische Wanderheuschrecke

Blauflügelige Ödlandschrecke

Sumpfschrecke

Rote Keulenschrecke

Gomphocerippus rufus · F. Feldheuschrecken

Fühler mit lanzettförmig erweiterten, am Ende weißen Spitzen, beim ♂ (Bild) fast körperlang.

KL 11–17 mm. Jul–Nov
Vorkommen An Wald- und Wegrändern; ziemlich häufig, im N seltener.
Wissenswert! Der Gesang des Männchens besteht aus 3–5 Sekunden langen Versen. Das Tier erzeugt ihn, indem es seine Hinterbeine schnell an den Flügeln auf- und abstreicht. Dabei reibt eine gezähnte Leiste an der Innenseite des Schenkels über eine vorstehende Flügelader.

Kleine Goldschrecke

Euthystira brachyptera · Fam. Feldheuschr.

Flügel beim ♀ (Bild) stummelförmig, leuchtend rosa, beim ♂ etwa bis zur Hinterleibsmitte reichend und grün.

KL 13–26 mm. Jun–Sep
Vorkommen In feuchtem und trockenem, grasigem Gelände; im südl. D häufig, nördl. der Mittelgebirge zumeist fehlend.
Wissenswert! Der Gesang besteht aus sehr leisen, kurzen Schwirrversen. Das Weibchen faltet zur Eiablage mit den Hinterbeinen Blätter zusammen und legt in die Falte jeweils 5 oder 6 in ein schaumiges Sekret eingebettete Eier ab.

Heidegrashüpfer

Stenobothrus lineatus · Fam. Feldheuschrecken

Flügel des ♀ (Bild) meist weiß gestreift; ♂ und ♀ mit kommaförmigem, aus weißen Adern gebildetem Flügelfleck.

KL 15–26 mm; Grundfärbung meist grün, Hinterleibsspitze beim ♂ rot. Jul–Okt
Vorkommen Auf trockenen, grasigen Flächen meist nicht selten.
Wissenswert! Das Männchen bewegt bei der Tonerzeugung seine beiden Beine etwas phasenversetzt auf und ab. Hierdurch entsteht ein regelmäßig an- und abschwellender Gesang, der an den Heulton einer Sirene erinnert.

Buntbäuchiger Grashüpfer

Omocestus rufipes · Fam. Feldheuschrecken

♂ (Bild) meist schwarz mit hellerem Rücken und blutroter Hinterleibsspitze, ♀ meist am Rücken grün.

KL 12–21 mm; Bauch bei beiden Geschlechtern von vorn nach hinten nach Art eines Regenbogens von gelbgrün über gelb bis leuchtend rot gefärbt. Jul–Nov
Vorkommen In trockenem, lückig bewachsenem Gelände; im südlichen D ziemlich häufig, im N selten.
Wissenswert! Der Gesang (etwa 5 Sekunden lange, schwirrend tickende Verse) erinnert an einen schnell tickenden Wecker. **§**

Nachtigallgrashüpfer

Chorthippus biguttulus · F. Feldheuschrecken

Färbung meist grau oder braun, Halsschild-Seitenkiele winkelig geknickt.

KL 13–22 mm. Jul–Nov
Vorkommen Auf trockenen Flächen.
Wissenswert! Der N. ist kaum von nahe verwandten Arten zu unterscheiden, singt aber ganz anders als diese. Das ♂ erzeugt 2–3 Sekunden lange Schmetterverse, die von deutlich getrennten Tonstößen in einen zusammenhängenden Schwirrton übergehen, während z. B. der schlankere **Braune Grashüpfer** *Chorthippus brunneus* nur ganz kurze Einzeltöne vorträgt.

Gewöhnlicher Grashüpfer

Pseudochorthippus parallelus · Fam. Feldh.

Flügel beim ♀ (Bild) vor Hinterleibsmitte endend, beim ♂ bis fast zur Hinterleibsspitze.

KL 13–23 mm; Färbung u. Zeichnung sehr variabel, bunt gescheckte und einfarbige, graue, braune, grüne Tiere meist nebeneinander; Halsschild-Seitenkiele nach hinten etwas auseinanderweichend. Jun–Nov
Vorkommen In mäßig trockenem bis mäßg feuchtem, offenem Gelände häufig.
Wissenswert! Das ♂ trägt etwa eine Sekunde dauernde, aus kurzen, kratzenden Einzeltönen bestehende Gesangsverse vor.

Rote Keulenschrecke

Kleine Goldschrecke

Heidegrashüpfer

Buntbäuchiger Grashüpfer

Nachtigallgrashüpfer

Gewöhnlicher Grashüpfer

Wasserskorpion

Nepa cinerea · Familie Skorpionswanzen

Vorderbeine zu klappmesserartigen Fangbeinen umgewandelt, Hinterende mit Atemröhre.

KL 17–22 mm. Ganzjährig.
Vorkommen In stehenden und langsam fließenden Gewässern fast überall häufig.
Wissenswert! Der W. hält sich meist im flachen Wasser in Ufernähe auf und streckt seine Atemröhre zum Wasserspiegel empor. Mit seinen Fangbeinen erbeutet er verschiedene andere Wassertiere, die er mit dem Stechrüssel aussaugt. Die Eier tragen 6–8 fadenförmige Atemfortsätze.

Stabwanze

Ranatra linearis · Familie Skorpionswanzen

Auffallend schmal und langgestreckt, Vorderbeine zu Fangbeinen umgewandelt, Hinterende mit langer Atemröhre.

KL 30–40 mm. Aug–Jun
Vorkommen In pflanzenreichen stehenden Gewässern; meist nicht selten.
Wissenswert! Die S. nimmt meist eine starre Schreckhaltung mit steif abgespreizten Beinen ein, sobald man sie aus dem Wasser nimmt. Die mit 2 langen, fadenförmigen Atemfortsätzen ausgestatteten Eier werden in Pflanzenteile abgelegt, die an der Wasseroberfläche treiben.

Rückenschwimmer

Notonecta glauca · Fam. Rückenschwimmer

Hinterbeine zu Schwimmbeinen umgewandelt; schwimmt immer mit dem Bauch nach oben.

KL 15–16 mm. Jul–Mai
Vorkommen In stehenden Gewässern aller Art; überall häufig.
Wissenswert! Der R. speichert seine Atemluft in 2 Rinnen am Bauch. Durch den damit verbundenen bauchseitigen Auftrieb erklärt sich seine Schwimmlage. Zur Erneuerung des Luftvorrats hängt er sich an den Wasserspiegel. Mit seinem Rüssel kann er sehr schmerzhaft stechen.

Schwimmwanze

Ilyocoris cimicoides · Fam. Schwimmwanzen

Vorderbeine zu kurzen, klappmesserartigen Fangbeinen, Hinterbeine zu Schwimmbeinen umgewandelt.

KL 12–15 mm. Ganzjährig.
Vorkommen In pflanzenreichen stehenden Gewässern; überall ziemlich häufig.
Wissenswert! Die S. ernährt sich wie die meisten übrigen Wasserwanzen räuberisch von anderen Wassertieren, vor allem von Insektenlarven, daneben aber auch von Kaulquappen und Fischbrut. Wie der Rückenschwimmer kann sie höchst unangenehm stechen, wenn man sie berührt.

Ruderwanze

Corixa punctata · Familie Ruderwanzen

Rücken hell und dunkel marmoriert, Körper abgeflacht, Hinterbeine zu langen Ruderbeinen umgewandelt.

KL 13–15 mm. Jul–Mai
Vorkommen In pflanzenreichen stehenden Gewässern meist ziemlich häufig.
Wissenswert! Im Gegensatz zu den meisten anderen Wasserwanzen ernährt sich die R. vorwiegend von pflanzlichen Abfallstoffen. Das Männchen kann Zirptöne erzeugen, indem es mit den Vorderbeinen über die Kante seines Kopfes streicht (daher auch als „Wasserzikade" bekannt).

Wasserläufer

Gerris sp. · Familie Wasserläufer

Vorderbeine kurz angewinkelt, Mittel- und Hinterbeine sehr lang, flach in Kreuzform ausgebreitet.

KL 10–17 mm. Ganzjährig.
Vorkommen Auf stehenden und langsam fließenden Gewässern; überall häufig.
Wissenswert! W. besiedeln die Wasseroberfläche, auf der sie wie Schlittschuhfahrer dahingleiten. Die Behaarung auf der Unterseite ihrer Beine verhindert ein Einsinken. Sie leben von ins Wasser gefallenen Insekten. Neben W. mit Stummelflügeln treten auch voll geflügelte Tiere auf.

Wasserskorpion

Stabwanze

Rückenschwimmer

Schwimmwanze

Ruderwanze

Wasserläufer auf der Wasseroberfläche

Schmalwanze

Stenodema laevigata · Fam. Weichwanzen

Auffallend schmal gebaut, Hinterschenkel unbedornt. Schildchen (⇨ Bild) mit deutlichen Punktierungen.

KL 8–9 mm; Färbung je nach Alter verschieden, erst hell gelblich, später ocker mit dunklen Streifen, dann grünlich. Jul–Mai

Vorkommen An feuchten Stellen auf Wiesen, an Waldrändern; fast überall häufig.

Wissenswert! Die S. lebt auf Gräsern, von deren Saft sie sich ernährt. Im Gegensatz zu den meisten übrigen Weichwanzen überwintert sie ausgewachsen.

Ähnlich Die ebenfalls sehr schmale *Stenodema calcarata* zeigt die gleichen Färbungsphasen wie die S., trägt aber am Hinterschenkel 2 Dorne. *S. holsata* ist am deutlich breiteren Körper zu erkennen. Bei der wiederum sehr schmalen *Notostira elongata* ist das Schildchen nicht punktiert.

Rote Weichwanze

Deraeocoris ruber · Familie Weichwanzen

Körperform sehr breit; am Vorderrand des Halsschilds mit schmalem, unbehaartem Halsring.

KL 6,5–7,5 mm; Färbung sehr variabel, neben der abgebildeten Form z. B. auch schwarze Tiere mit gelbem Schildchen und rotem Punkt auf den Vorderflügeln. Jul–Sep

Vorkommen Auf Wiesen im südlichen und mittleren D häufig, im N selten.

Wissenswert! Die R. W. sitzt gern auf Brennesseln oder Disteln und ernährt sich hier, anders als die meisten Weichwanzen, vorzugsweise von Blattläusen. Die Überwinterung erfolgt als Ei.

Verwandt Auch die **Rosafleckige Weichwanze** *Calocoris roseomaculatus* sitzt oft auf blühenden Kräutern, mit besonderer Vorliebe auf Margeriten.

Blumenwanze

Anthocoris nemorum · Fam. Blumenwanzen

Horniger Basalteil des Vorderflügels hellbraun mit schwarzer, nach innen knopfförmig erweiterter Querbinde, membranöser Teil milchig mit verwaschener dunkler Zeichnung.

KL 3,5–4,5 mm; im Unterschied zu den Weichwanzen mit 2 Punktaugen zwischen den Komplexaugen. Jul–Mai

Vorkommen In Wäldern, Gärten und offenem Gelände überall häufig.

Wissenswert! Die B. hält sich weniger auf Blüten (wie dem Namen nach eigentlich zu vermuten wäre) als vielmehr auf Blättern, mit besonderer Vorliebe von Brennnesseln, auf. Sie jagt andere Insekten, vor allem Blattläuse und kleine Fliegen. Den eigentlich sympathischen Eindruck macht sie allerdings dadurch wieder ziemlich zunichte, dass sie oft auch Menschen sticht und bei ihnen Blut saugt. Sie bringt meist 2, unter günstigen Bedingungen auch 3 Generationen im Jahr hervor.

Bettwanze

Cimex lectularius · Familie Bettwanzen

Körper sehr breit und extrem abgeflacht, Flügel zu rundlichen Schuppen zurückgebildet.

KL 5–6 mm; die Fühlerglieder 3 und 4 verschmälert. Ganzjährig.

Vorkommen Fast nur in Gebäuden; in neuerer Zeit durch verbesserte Hygiene in M.-EU selten geworden.

Wissenswert! Die B. ernährt sich ausschließlich von Blut. Tagsüber versteckt sie sich z. B. unter loser Tapete. Bei der nächtlichen Nahrungssuche wird sie durch Körperwärme und erhöhte Konzentration von Kohlendioxid angelockt.

Ähnlich Die etwas kleinere **Schwalbenwanze** *Cimex hirundinis* hat 4 gleichbreite Fühlerglieder. Sie befällt vor allem Schwalben.

Schmalwanze

Rote Weichwanze

Blumenwanze

Bettwanze

Rote Mordwanze

Rhynocoris iracundus · Familie Raubwanzen

Halsschild, Flügel, Hinterleib und Beine sehr kontrastreich schwarz-rot gezeichnet.

KL 14–17 mm. Mai–Jul

Vorkommen Auf Trockenwiesen und an sonnigen Waldrändern an warmen Stellen; im südlichen D gebietsweise nicht selten, im N fehlend.

Wissenswert! Diese kräftige Wanze lauert gern auf blühenden Pflanzen und erbeutet hier andere Insekten bis etwa zur eigenen Größe, auch so wehrhafte Tiere wie Honigbienen (rechtes Bild). Man sollte sich vor ihrem Stechrüssel in Acht nehmen und sie besser nicht anfassen. Die dunkelbraunen, mit einem weißen, stöpselförmigen Deckel versehenen Eier werden an Steinen oder Pflanzen festgekittet.

Ähnlich Bei der **Geringelten Mordwanze** *Rhynocoris annulatus* sind nur die Beine und die Hinterleibsränder rot gezeichnet.

Kotwanze

Reduvius personatus · Familie Raubwanzen

Ganz schwarz, Körper etwas abgeflacht.

KL 15–18 mm. Mai–Aug

Vorkommen Meist in Gebäuden, seltener im Freiland; in süddeutschen Städten verbreitet, im N fehlend.

Wissenswert! Die K. besitzt wie alle Raubwanzen einen ziemlich kräftigen Stechrüssel. Seine Spitze liegt vor einer quer gerieften Längsfurche in der Vorderbrust. Bei Bedrohung reibt sie die Rüsselspitze in dieser Furche hin und her und erzeugt dadurch ein zirpendes Geräusch, das sozusagen als letzte Warnung vor ihrem sehr unangenehmen Stich zu verstehen ist. Die K. ist vorwiegend dämmerungs- und nachtaktiv. Die bräunliche Larve trägt auf ihrem ganzen Körper klebrige Haare. An ihnen bleiben Staubteile haften, sodass sie bald zu einem großen Staubklumpen wird und kaum zu erkennen ist (rechtes großes Bild).

Sie ernährt sich wie die Imago von kleineren Insekten und macht sich dadurch nützlich (kleines Bild).

Teufelchen

Phymata crassipes · Familie Raubwanzen

Halsschild- und Hinterleibsränder flügelartig verbreitert, Vorderbeine zu Fangbeinen umgewandelt.

KL 8–9 mm. Mai–Jun

Vorkommen An warmen Stellen, z. B. auf Trockenrasen; im südlichen und mittleren D im Allgemeinen nicht selten.

Wissenswert! Die abenteuerlich geformte Wanze sitzt gern auf Blüten und lauert hier auf Insekten. Nicht selten fängt sie recht große Beutetieren, bis hin zu kleineren Schmetterlingen. Die ähnlich bizarr geformten Larven sind fast weiß gefärbt. §

Sichelwanze

Nabis limbatus · Familie Sichelwanzen

Ziemlich schmal, Flügel meist deutlich verkürzt, selten voll entwickelt; Hinterleib mit 3 dunklen Längsstreifen.

KL 7–9 mm. Jul–Sep. Mehrere ähnliche, oft nur nach Genitalmerkmalen sicher voneinander unterscheidbare Arten.

Vorkommen An Wegrändern und auf feuchten Wiesen fast überall häufig.

Wissenswert! Diese kleine Wanze besitzt, ähnlich wie die Raubwanzen, einen bogenförmig gekrümmten, aber ziemlich dünnen Stechrüssel. Auch die S. ernährt sich von anderen Insekten.

Rote Mordwanze

Kotwanze Imago (links) und mit Staub getarnte Larve (rechts)

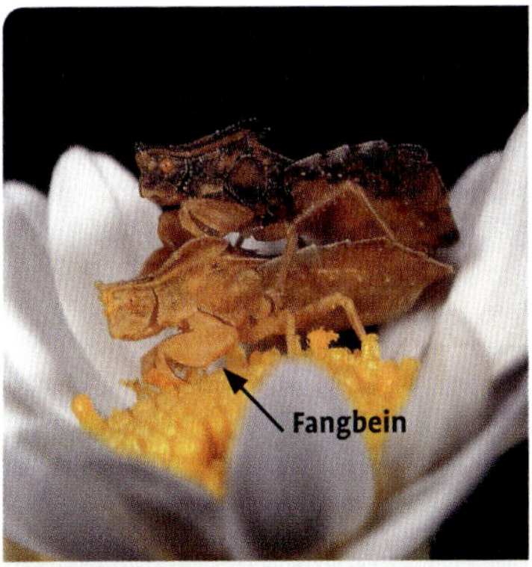

Teufelchen

Sichelwanze

Distelnetzwanze

Tingis cardui · Familie Netzwanzen

Halsschild und Flügel mit feinem, regelmäßigem Netzmuster, Halsschild oberseits mit 3 Längsleisten.

KL 3–4 mm. Jul–Mai

Vorkommen Auf Wiesen und an Wegrändern nicht selten.

Wissenswert! Die Art lebt auf Kratzdisteln. Man findet die Tiere regelmäßig, wenn man im Spätsommer die Spreuschuppen der Blütenköpfe etwas abspreizt.

Ähnlich Die ursprünglich in Nordamerika heimische **Platanennetzwanze** *Corythucha ciliata* lebt ausschließlich an Platanen.

Lederwanze

Coreus marginatus · Familie Randwanzen

Färbung ziemlich einheitlich braun, Hinterleibsränder seitlich unter den Flügeln vorragend.

KL 11–16 mm. Ganzjährig.

Vorkommen An Waldrändern und auf Wiesen sehr häufig.

Wissenswert! Die L. sitzt meist auf Ampferarten, von deren Saft sie sich ernährt. Sie überwintert ausgewachsen und nimmt während der Winterruhe eine fast schwarze Färbung an. (Bild der Larve ⇨ S. 9)

Ähnlich Bei der etwas kleineren **Rhombenwanze** *Syromastes rhombeus* ragen die Seitenränder des Hinterleibs als Dreiecke deutlich unter den Flügeln hervor. Sie lebt an sandigen, warmen Stellen und saugt meist an Nelkengewächsen.

Feuerwanze

Pyrrhocoris apterus · Familie Feuerwanzen

Vorderflügel deutlich verkürzt, selten voll entwickelt, rot mit je 1 großen und kleinen schwarzen Fleck.

KL 10–12 mm. Aug–Mai

Vorkommen Meist am Fuß alter Linden oder Robinien, vor allem im Siedlungsbereich; in den meisten Gegenden häufig.

Wissenswert! Die F. saugt vorzugsweise an den alten, am Boden liegenden Samen von Linden und Robinien. Man findet sie aber auch auf Malvenfrüchten (Bild). Im zeitigen Frühjahr versammeln sich die Tiere oft in dichten Klumpen an Mauern oder am Fuß alter Bäume. In diesen Gesellschaften herrschen etwas höhere Temperaturen als in der unmittelbaren Umgebung.

Ähnlich Die Art wird oft mit der **Ritterwanze** verwechselt, die aber ein ganz anderes Zeichnungsmuster und zudem voll entwickelte Flügel besitzt.

Ritterwanze

Lygaeus equestris · Familie Bodenwanzen

Vorderflügel voll entwickelt, horniger Teil rot mit schwarzer Querbinde, membranöser Teil in der Mitte mit weißem Punkt.

KL 10–12 mm. Aug–Jun

Vorkommen An warmen, sonnigen Stellen, z. B. auf Trockenrasen; im südlichen D häufig, nach N seltener.

Wissenswert! Die Art saugt vorzugsweise an der Schwalbenwurz.

Ähnlich Die **Schwalbenwurzwanze** *Tropidothorax leucopterus* trägt am Innenwinkel der Flügelmembran einen weißen Fleck. Sie kommt nur an sehr warmen Stellen vor.

Distelnetzwanze

Lederwanze

Feuerwanze

Ritterwanze

Fleckige Brutwanze

Elasmucha grisea · Familie Stachelwanzen

Grundfärbung grünlich oder rötlich, oberseits mit schwarzer Punktierung.

KL 6–9 mm. Ganzjährig.

Vorkommen An Wald- und Wegrändern mit Birken überall häufig.

Wissenswert! Die F. B. legt im Juni ihr Eigelege an der Unterseite von Birkenblättern ab, setzt sich dann auf das Gelege (großes Bild) und verteidigt es gegenüber Angreifern. Nach dem Schlüpfen der Larven und einer ersten Larvenhäutung macht sich das Weibchen mit den Jungen auf die Wanderschaft und führt sie

zur Nahrungsquelle, den heranreifenden Birkenfrüchten (kleines Bild). Die Jungen bleiben auch nach dem Tod der Mutter beieinander und zerstreuen sich erst im Spätsommer als Erwachsene (⇨ S. 54).

Streifenwanze

Graphosoma italicum · Fam. Baumwanzen

Oberseite rot-schwarz längs gestreift, Seitenrand des Hinterleibs rot-schwarz gefleckt.

KL 8–12 mm. Aug–Jun

Vorkommen Auf Wiesen und Trockenrasen im S von M.-EU ziemlich häufig, seit einigen Jahren sich auch im nördlichen D ausbreitend.

Wissenswert! Die S. saugt an Doldengewächsen und ist nicht selten in größerer Zahl auf deren Schirmblüten zu finden. Das Schildchen an der Flügelbasis ist bei dieser Art stark vergrößert und bedeckt fast den ganzen Hinterleib.

Ähnlich Bei der nur im Mittelmeerraum lebenden **Fleckigen Streifenwanze** *Graphosoma semipunctatum* ist das Halsschild gepunktet.

Grüne Stinkwanze

Palomena prasina · Familie Baumwanzen

Ganz grün gefärbt, ohne deutliche Zeichnungen.

KL 12–14 mm. Aug–Jun

Vorkommen An Waldrändern und in offenem Gelände, auch in Gärten überall häufig.

Wissenswert! Die G. S. wird vor der Überwinterung oft braun, im Frühjahr dann aber wieder grün. Sie saugt z. B. an Beerenfrüchten. Hierdurch nehmen diese den charakteristischen „Wanzengeschmack" an. Er wird durch ein Wehrsekret hervorgerufen, das die Tiere auch zur Abwehr von Feinden abscheiden. Im Frühsommer werden die ebenfalls grün gefärbten Eier in dichten Eispiegeln an Blättern abgelegt.

Kurz vor dem Schlüpfen der Larven schimmern deren leuchtend rote Augen bereits durch die Eideckel hindurch (kleines Bild).

Beerenwanze

Dolycoris baccarum · Familie Baumwanzen

Körper und Beine behaart, horniger Flügelteil weinrot, Seitenränder des Hinterleibs hell-dunkel gefleckt.

KL 10–14 mm. Aug–Jun

Vorkommen Vor allem an Waldrändern überall häufig.

Wissenswert! Die B. wird oft mit einem Käfer verwechselt, ist aber am Saugrüssel leicht als Wanze zu erkennen. Wie die Grüne Stinkwanze prägt sie Beeren durch ihr Saugen den widerlichen „Wanzengeschmack" auf.

Ähnlich Die Baumwanzen der Gattung *Carpocoris* besitzen eine ähnliche Färbung, sind aber fast unbehaart.

Fleckige Brutwanze bewacht ihr Eigelege

Streifenwanze

Grüne Stinkwanze

Beerenwanze

Bergzikade

Cicadetta montana · Familie Singzikaden

Schwarzbraun mit gelbroten Segmenträndern, Flügel glasartig, in Ruhe dachförmig getragen.

KL 23–28 mm. Mai–Jun

Vorkommen Auf Trockenrasen und an sonnigen Waldrändern; nur im südlichen und mittleren D, ziemlich selten, in manchen Jahren aber häufiger.

Wissenswert! Das Männchen der B. erzeugt hochfrequente, jeweils abrupt endende Schwirrlaute. Die Larve besitzt schaufelartige Vorderbeine. Damit gräbt sie etwa fingerdicke Gänge im Erdboden. §

Europäischer Laternenträger

Dictyophara europaea · Fam. Laternenträger

Färbung meist hellgrün, seltener rötlich; Kopf nach vorn zipfelartig verlängert.

KL 9–13 mm. Jul–Sep

Vorkommen An warmen, offenen Stellen, auf Trockenrasen; im südlichen D ziemlich selten, im Mittelmeerraum häufiger.

Wissenswert! Die Familie der Laternenträger ist in den Tropen mit zahlreichen Arten vertreten. Einst dachte man, die Tiere würden nachts mit ihren z. T. bizarren Auswüchsen leuchten (Name!). Die heimische Art sitzt zumeist auf niedrigen Kräutern. §

Dornzikade

Centrotus cornutus · Familie Buckelzirpen

Halsschild mit bis fast zur Hinterleibsspitze reichendem, gewelltem Fortsatz und 2 seitlichen Dornen.

KL 7–9 mm. Mai–Aug

Vorkommen An etwas feuchten Wald- und Wegrändern nicht selten.

Wissenswert! Die D. sitzt meist an den Stängeln von Disteln, Ampfer und anderen Kräutern. Hier ist sie durch ihre Form hervorragend getarnt. Die Larven werden eifrig von Ameisen besucht, die sie mit ihren Fühlern betasten und auf dieses Signal hin zuckerhaltige Ausscheidungen erhalten.

Blutzikade

Cercopis vulnerata · Familie Schaumzikaden

Flügel schwarz mit 3 roten Binden, die äußere parallel zum Flügelrand.

KL 9–11 mm. Mai–Aug

Vorkommen Auf Wiesen und an etwas feuchten Wegrändern im südlichen und mittleren D häufig, nach N seltener.

Wissenswert! Die Larven saugen an Pflanzenwurzeln. Der aufgenommene Saft wird z. T. als Wasser wieder ausgeschieden, das durch Proteine entspannt und durch Einblasen von Luft aufgeschäumt wird. Dieser Schaum umgibt die Larven und dient als Schutzschicht gegenüber Verfolgern.

Wiesenschaumzikade

Philaenus spumarius · Fam. Schaumzikaden

Sehr variabel gefärbt, neben nahezu einfarbigen Tieren auch solche mit unterschiedlichsten Zeichnungsmustern.

KL 5–7 mm. Jul–Okt

Vorkommen Auf etwas feuchten Wiesen überall sehr häufig.

Wissenswert! Die Larven umgeben sich wie bei der Blutzikade mit einem feuchten Schaumgebilde („Kuckucksspeichel"). Darin leben sie recht auffällig an den Stängeln meist krautiger Pflanzen (z. B. am Wiesenschaumkraut, das diesem Schaumnest seinen Namen verdankt).

Rhododendron-Zikade

Graphocephala fennahi · Fam. Zwergzikaden

Farbenfrohe, unverwechselbare Körperfärbung.

KL 8–9 mm. Jun–Nov

Vorkommen Aus Nordamerika eingeschleppt, heute über ganz Europa verbreitet in Gärten, auf Friedhöfen und in Parks auf Rhododendron-Büschen.

Wissenswert! Die Larven ernähren sich ausschließlich vom Pflanzensaft der Rhododendren, ausgewachsene Tiere saugen gelegentlich auch an anderen Pflanzen. Übermäßiger Befall kann Rhododendronbüsche schädigen.

Bergzikade

Europäischer Laternenträger

Dornzikade

Blutzikade

Wiesenschaumzikade

Rhododendron-Zikade

Holunderblattlaus

Aphis sambuci · Unterordnung Blattläuse

Körper kugelig, Grundfärbung olivgrün oder blaugrau, auf dem Rücken Querstreifen weißer Wachsausscheidungen.

KL 2–3 mm. Mai–Sep
Vorkommen Am Schwarzen Holunder.
Wissenswert! Aus den überwinternden Eiern schlüpfen Stammmütter, die durch Jungfernzeugung zahlreiche Nachkommen erzeugen. An Zweigen und Blattunterseiten der Wirtspflanze entstehen so dichte Kolonien. Im Sommer wechseln einzelne Tiere zu Nelkengewächsen oder Ampfer, wo sie weitere Nachkommen hervorbringen.

Große Distelblattlaus

Uroleucon jaceae aeneus · U.-Ord. Blattläuse

Dunkelbraun mit Metallglanz, am Hinterende mit 2 langen, stabförmigen Röhren (Siphonen).

KL 4–5 mm. Mai–Sep
Vorkommen An Disteln überall häufig.
Wissenswert! Die Tiere saugen kopfunter in dichten Kolonien an Distelstängeln. Im Sommer kommen bereits fertig entwickelte Junge zur Welt (Bild). Bei Angriffen durch Raubinsekten wird an den Siphonen ein klebriges Abwehrsekret abgeschieden. Blattlausfresser wie z. B. Marienkäfer lassen sich dadurch aber nicht abschrecken.

Erlenblattfloh

Psylla alni · Unterordnung Blattflöhe

Hellgrün mit glasartigen, dachförmig getragenen Flügeln.

KL 3–5 mm. Jun–Okt
Vorkommen An Waldrändern mit Erlen überall häufig.
Wissenswert! Der E. überwintert als Ei. Die blattlausähnlichen Larven saugen im Frühjahr in dichten Scharen an Erlenzweigen. Sie scheiden gekräuselte weiße Wachsfäden ab, die ihnen das Aussehen kleiner Wollknäuel verleihen. Die fertigen Blattflöhe besitzen ein gut entwickeltes Sprungvermögen (Name!).

Weiße Fliege *Trialeurodes vaporariorum*

U.-Ordng. Mottenschildläuse

Gelblich; Flügel dachförmig getragen, durch Wachsstaub weiß bepudert.

KL 1–2 mm. Ganzjährig.
Vorkommen In Gewächshäusern und Blumenfenstern häufig.
Wissenswert! Die W. F. ist ein gefürchteter Schädling an Nutz- und Zierpflanzen, vor allem an Gurken und Tomaten. Das Weibchen legt seine Eier in einem geschlossenen Kreis ab, indem es mit dem Saugrüssel im Blatt bleibt und sich immer etwas weiter dreht. Das letzte Larvenstadium ist unbeweglich und ähnelt einer Puppe.

Zitrusschildlaus *Icerya purchasi*

Unterordnung Schildläuse

Körper schildförmig, orangefarben, teilweise mit Wachsflocken bedeckt.

KL 5–8 mm. Ganzjährig.
Vorkommen Im Mittelmeergebiet ziemlich häufig, in D fehlend.
Wissenswert! Die Eier werden in einem von weißen Wachsstäben umhüllten Brutsack abgelegt (Bild). Die Art richtete in verschiedenen Ländern, in die sie eingeschleppt wurde, an Zitruspflanzen schwere Schäden an. Erst als man auch Marienkäfer aus ihrer australischen Heimat einführte, ließ sie sich bekämpfen.

Schmierlaus

Planococcus citri · Unterordnung Schildläuse

♂ nur 1–1,5 mm lang, geflügelt, mit 2 langen Wachsfäden an der Hinterleibsspitze; ♀ 3–5 mm lang, flügellos, mit Wachsausscheidungen. Ganzjährig.

Vorkommen In Wohnungen und Gewächshäusern an Nutz- und Zierpflanzen; häufig.
Wissenswert! Die winzigen Männchen sind v. a. im zeitigen Frühjahr zu beobachten. Sie paaren sich mit den dann noch gut beweglichen jungen Weibchen (Bild). Diese werden später fast unbeweglich, scheiden große Mengen wolliger Wachsflocken ab und deponieren darin ihre Eier.

Holunderblattlaus

Große Distelblattlaus saugt kopfüber

Erlenblattfloh

Weiße Fliege

Zitrusschildlaus

Schmierlaus Männchen geflügelt

Rindenlaus

Loensia fasciata · Ordnung Staubläuse

Flügel ziemlich breit, nahe der Spitze mit hufeisenförmiger, schwarzer Binde.

KL 3–4 mm. Mai–Sep

Vorkommen An Waldrändern und in Gärten nicht selten.

Wissenswert! Die Staubläuse besitzen anders als fast alle übrigen Ordnungen der Schnabelkerfe noch beißende Mundwerkzeuge. Die hier vorgestellte Art ernährt sich vorzugsweise von Grünalgen, die auf Baumrinden wachsen, andere Arten auch von Schimmelpilzen. Das Weibchen legt seine Eier einzeln auf Baumrinde ab und tarnt sie mit einer Schutzschicht aus Rindenteilchen und ähnlichen Feinpartikeln, die mit einer aus der Hinterleibsspitze abgegebenen Kittsubstanz verklebt werden. Die im Sommer schlüpfenden Larven entwickeln sich teilweise bis zum Herbst zu Imagines, die dann noch vor Winterbeginn Eier ablegen und sterben, andere wiederum überwintern im Larvenstadium.

Fransenflügler *Parthenotriph dracaenae*

· Ordnung Fransenflügler

Flügel sehr schmal, weiß mit 2 dunklen Querbinden, am Rand mit langen Haarfransen.

KL 1–1,3 mm. Ganzjährig.

Vorkommen In Wohnungen und Gewächshäusern an Nutz- und Zierpflanzen; ziemlich häufig.

Wissenswert! Die Art gehört zusammen mit einigen z. T. recht ähnlichen Verwandten zu den gefürchteten Schädlingen an Nutzpflanzen. Oft führt die Saugtätigkeit zur Verkrüppelung der Pflanzen, oder es werden durch Viren oder Bakterien verursachte Pflanzenkrankheiten übertragen. Bei schwülem Wetter schwärmen verschiedene Arten (bekannt als „Gewitterfliegen"). Geraten sie an die Augenschleimhäute, können sie brennende Schmerzen hervorrufen. Die Entwicklung der Larven verläuft über 2 oder 3 Ruhestadien und erinnert damit an die vollständige Metamorphose der höheren Insektenordnungen.

Taubenfederling *Columbicola columbae*

· U.-Ordng. Haarlinge und Federlinge

Körperform stark abgeflacht und ausgesprochen schmal, Kopf viel länger als breit.

KL um 2 mm; Fühler etwa in der Kopfmitte, nach hinten gerichtet. Ganzjährig.

Vorkommen Im Federkleid von Tauben; häufig.

Wissenswert! Die Haarlinge und Federlinge bilden zusammen mit den Echten Läusen die Ordnung der Tierläuse. Anders als Echte Läuse besitzen sie noch kauende Mundwerkzeuge. Sie ernähren sich vom Horn der Haare oder Federn ihrer Wirte, daneben auch von aus Wunden austretendem Blut.

Ähnlich Der ebenfalls auf Tauben lebende Federling *Campanulotes bidentatus compar* besitzt einen breiteren Körperbau.

Kopflaus *Pediculus humanus capitis*

· Unterordnung Echte Läuse

Körper stark abgeflacht, nach vorn deutlich verschmälert, Beine mit typischen Klammerfüßen.

KL 2,5–3 mm. Ganzjährig.

Vorkommen Nur in der Kopfbehaarung des Menschen; deutlich seltener als früher, doch immer wieder invasionsartig auftretend.

Wissenswert! Die K. besitzt an jedem Bein nur eine Kralle, die gegen das letzte Fußglied eingeklappt wird. Hierdurch kann sie sich sehr gut an den Haaren festklammern. Sie ernährt sich ausschließlich von Menschenblut, das sie mit ihren stechenden Mundwerkzeugen aufnimmt. Die Eier („Nissen", kleines Bild) werden mit einer Kittsubstanz an den Haaren befestigt. Schon 2 Wochen nach der Eiablage sind die Nachkommen ausgewachsen.

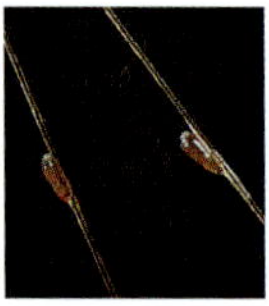

Rindenlaus

Fransenflügler

Taubenfederling

Kopflaus beim Blutsaugen

Gewöhnliche Ameisenjungfer

Myrmeleon formicarius · Familie Ameisenjungfern

Mit einer Flügelspannweite von 70–80 mm auffallend großes, an eine Libelle erinnerndes Insekt, anders als diese aber mit deutlich sichtbaren, am Ende keulig verdickten Fühlern.

FZ Mai–Aug

Vorkommen Vor allem an sonnigen Wegrändern sowie auf Heiden und Trockenrasen, auch im Siedlungsbereich; nicht häufig.

Wissenswert! Viel leichter als die ausgewachsene Ameisenjungfer findet man ihre Larve, den „Ameisenlöwen" (rechtes großes Bild). Er ist kurz und breit gebaut und trägt am Kopf stark bezahnte, dolchförmige Saugzangen. Er lebt auf lockersandigen oder aus lockerem Gesteinsgrus zusammengesetzten, besonnten Flächen, die vor Regen geschützt sind, etwa unter dem Trauf von Hausdächern oder an überhängenden Wegböschungen. Im lockeren Erdreich stellt er einen Trichter her, indem er mit dem Kopf ständig Sand nach draußen wirft, während er sich rückwärts in einer enger werdenden Spirale immer tiefer eingräbt. (Kleines Bild oben). An der so entstandenen Trichterböschung kommen Ameisen und anderen Bodentiere leicht ins Rutschen. Am Trichtergrund werden sie mit den Zangen ergriffen und ausgesaugt. Der Ameisenlöwe unterstützt das Abrutschen der Beutetiere, indem er von unten Sandfontänen emporschleudert. Im Frühjahr verpuppt er sich in einem kugeligen, mit Sand umgebenen Kokon. Die vorwiegend dämmerungsaktive Imago ist am ehesten in der Nähe ihrer Larven zu finden. Sie ernährt sich von anderen kleinen Insekten. §

Gefleckte Ameisenjungfer

Euroleon nostras · Familie Ameisenjungfern

Flügel dunkel gefleckt, sonst ähnlich der Gewöhnlichen Ameisenjungfer.

FS 50–66 mm. FZ Jun–Sep

Vorkommen Vorwiegend in trockenen Sandgebieten, besonders im norddeutschen Flachland; nicht häufig.

Wissenswert! Während die Larventrichter der Gewöhnlichen Ameisenjungfer gelegentlich auch auf Flächen ohne Regenschutz liegen, etwa in feingrusigen Bereichen von Felsschutthalden oder in lockeren Kiefernwäldern, siedelt die Gefleckte A. stets an vor Regen geschützten Stellen. In Norddeutschland findet man z. B. nicht selten Hunderte von Trichtern dicht an dicht unter überhängenden Kanten von Sandgruben. An solchen Stellen stößt man im lockeren Sand auch auf die kugeligen Puppenkokons (kleines Bild). §

Totes Blatt *Drepanepteryx phalaenoides*

· Familie Taghafte

Flügel nach Art eines vertrockneten Blatts gemustert, vor der Spitze mit bogenförmigem, gezähntem Ausschnitt.

FS 22–32 mm. Ganzjährig.

Vorkommen An Wald- und Wegrändern, auch im Siedlungsbereich nicht selten.

Wissenswert! Dieser dämmerungs- und nachtaktive Netzflügler lebt vorzugsweise auf Laubbäumen und Sträuchern und wird leicht durch künstliches Licht angelockt. Er imitiert durch Form, Färbung und Zeichnung seiner Flügel ein dürres Blatt. In der Ruhehaltung zieht er außerdem Kopf und Vorderbrust nach unten ein, sodass dieser Eindruck noch verstärkt wird (kleines Bild). Larven und Imagines fressen eifrig Blattläuse und werden daher auch als Blattlauslöwen bezeichnet.

Gewöhnliche Ameisenjungfer

Gefleckte Ameisenjungfer

Totes Blatt

Gewöhnliche Florfliege

Chrysoperla carnea · Familie Florfliegen

Meist hellgrün mit dicht geäderten, in Ruhe dachförmig getragenen Flügeln, Augen kugelig, in allen Regenbogenfarben schillernd.

FS 15–30 mm. Ganzjährig.

Vorkommen An Waldrändern und in offenem Gelände überall häufig.

Wissenswert! Die G. F. galt bis vor wenigen Jahren als verhältnismäßig leicht erkennbare Art dieser Familie. Nach Merkmalen des Flügelgeäders lässt sie sich ohne weiteres von den ansonsten ähnlichen Arten der Gattung *Chrysopa* unterscheiden. Doch dann wurde entdeckt, dass die Männchen vor der Paarung mit Trommelsignalen um ihre Partnerinnen werben und sich dabei mehrerer deutlich verschiedener „Dialekte" bedienen. Diese verschiedenen „Dialekte" entsprechen ganz offensichtlich jeweils eigenen Arten, was sich z. T. inzwischen auch durch andere Merkmale untermauern ließ. Mittlerweile ist sicher, dass in Deutschland neben der „echten" *C. carnea* noch mindestens 2 weitere *Chrysoperla*-Arten vorkommen, deren Unterscheidung aber bislang noch Probleme bereitet. Die G. F. – nach alter Artauffassung – bringt im Jahr meist mehrere Generationen hervor. Die Herbsttiere wandern zur Überwinterung oft in Gebäude ein und färben sich nach Braun um (rechtes großes Bild); im Frühjahr werden sie dann wieder grün. Nach der Paarung legt das Weibchen in der Nähe von Blattlauskolonien seine lang gestielten Eier an Pflanzenstängeln ab (kleines Bild). Die mit Saugzangen ausgerüsteten Larven ernähren sich fast ausschließlich von Blattläusen. Sie werden auch zur biologischen Blattlausbekämpfung eingesetzt. Die Imagines dagegen leben vorwiegend vom Honigtau, also den zuckerhaltigen Ausscheidungen der Blattläuse.

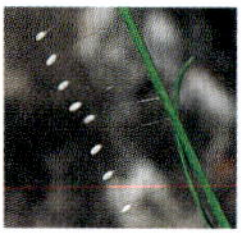

Steirischer Fanghaft

Mantispa styriaca · Familie Fanghafte

Färbung hellbraun, Vorderbrust stark verlängert, Vorderbeine zu stark bedornten Fangbeinen entwickelt.

FS 15–35 mm. FZ Jun–Sep

Vorkommen An sehr warmen, gebüschreichen Orten, z. B. am Rand lockerer Wälder; in M.-EU ausschließlich in Wärmegebieten (z. B. im Elsass und in der Steiermark), in D offenbar bereits ausgestorben.

Wissenswert! Der S. F. stellt eine höchst bemerkenswerte Parallele zur Gottesanbeterin (⇨ S. 40) dar und zeigt damit in eindrucksvoller Weise, wie die Evolution in Anpassung an die Ernährungsweise bei zwei überhaupt nicht miteinander verwandten Insektengruppen ein nahezu identisches Aussehen zustande gebracht hat. Er ist also ein klassisches Beispiel für die sogenannte Konvergenz, d. h. die Übereinstimmung im Erscheinungsbild zweier nicht miteinander verwandter Organismen bei Einwirkung gleicher Umweltbedingungen oder bei gleicher Lebensweise. Der S. F. ist jedoch im Gegensatz zur Gottesanbeterin überwiegend dämmerungsaktiv und fliegt nicht selten Lichtquellen an. Tagsüber hält er sich meist an der Blattunterseite (gern von Eichen) verborgen. Er ernährt sich vorzugsweise von kleinen Fliegen und anderen Fluginsekten, die er blitzschnell mit seinen Fangbeinen ergreift (kleines Bild).

Das Weibchen legt im Sommer mehrere Tausend kurz gestielte Eier meist an Baumstämmen ab. Im ersten Larvenstadium nehmen die Tiere keine Nahrung auf und überwintern. Im Frühjahr dringt die Larve in den Kokon einer Wolfspinne ein, verwandelt sich dort in ein madenartiges Stadium und verzehrt die Spinneneier. Später verpuppt sie sich im Spinnenkokon und verlässt ihn schließlich als fertiges Insekt. §

Gewöhnliche Florfliege mit Normalfärbung (links) und Herbstfärbung (rechts)

Steirischer Fanghaft

Libellen-Schmetterlingshaft

Libelloides coccajus · Familie Schmetterlingshafte

Flügel ziemlich breit, mit flächigen gelben (seltener weißen) und schwarzen Zeichnungen, Fühler etwa körperlang.

FS 42–55 mm. FZ Mai–Jul

Vorkommen An warmen, grasigen oder steinig-felsigen Stellen; nur im südlichen D (z. B. Kaiserstuhl, Schwäbische und Fränkische Alb); selten, im Mittelmeergebiet und in den Südalpen häufiger.

Wissenswert! Dieser prächtige Netzflügler erinnert bei flüchtiger Betrachtung an einen Schmetterling, von dem er sich aber u. a. durch die netzförmig geaderten, unbeschuppten Flügel deutlich unterscheidet. Das nur bei warmem, sonnigem Wetter aktive Tier besitzt einen sehr leicht wirkenden schwirrenden Flug und flieht bei der geringsten Störung. Es setzt sich gern dicht über dem Boden an Grashalmen ab und lässt seine weit geöffneten Flügel von der Sonne bescheinen. Sobald die Sonne aber verschwindet, klappt es die Flügel dachförmig übereinander. Zur Paarung ergreift das Männchen in der Luft mit seinen langen Hinterleibszangen ein Weibchen. Anschließend setzt sich das Paar in Bodennähe ab. Die länglichen Eier werden in 2 Reihen dachziegelartig übereinander an Pflanzenstängel geklebt. Die Larve ähnelt einem Ameisenlöwen (⇨ S. 70), trägt aber an den Seiten der Hinterleibsringe nach außen gerichtete Höcker. Im Gegensatz zu ihm kann sie außerdem vorwärtslaufen. §

Ähnlich Der noch seltenere **Langfühlerige Schmetterlingshaft** *Libelloides longicornis* ist ausgedehnter gelb und auf den Hinterflügeln mit einer schwarzen Mondsichel gezeichnet. Er kommt in D z. B. am Kaiserstuhl und im Maintal vor und fliegt etwas später im Jahr. §

Bachhaft

Osmylus fulvicephalus · Familie Bachhafte

Flügel relativ breit, schwarz und weiß gefleckt, Kopf leuchtend rot.

FS 40–52 mm. FZ Mai–Jul

Vorkommen An Bachufern, vor allem an schattigen Stellen; nicht häufig.

Wissenswert! Der B. ist vorwiegend dämmerungsaktiv. Das Männchen klammert sich zur Paarungszeit dicht neben dem Wasser an der Unterseite eines Blatts fest, krümmt den Hinterleib etwas ein und lässt kurz vor dessen Spitze zwei schlauchförmige Drüsen austreten (großes Bild). Diesen entströmt ein Duft, der das Weibchen anlockt. Die Eier werden nach der Paarung an Uferpflanzen abgelegt. Die Larve lebt am Ufer. Zur Nahrungssuche steigt sie ins Wasser, sticht mit ihren stabförmigen Saugzangen weichhäutige Insektenlarven an und zieht sie zum Aussaugen an Land (kleines Bild).

Schwammfliege

Sisyra fuscata · Familie Schwammfliegen

Düster gefärbt, Flügel dunkel getönt, mit deutlich hervortretenden Längsadern.

FS 10–12 mm. FZ Mai–Sep

Vorkommen Am Ufer stehender und langsam fließender Gewässer mit Vorkommen von Süßwasserschwämmen; nicht häufig, doch an den Fundorten oft in größerer Zahl.

Wissenswert! Dieser kleine, dämmerungsaktive Netzflügler hält sich tagsüber meist an der Unterseite von Blättern verborgen. Viel leichter findet man die grünlich oder gelblich gefärbte Larve (kleines Bild). Sie ist regelmäßig im Spätsommer auf Süßwasserschwämmen zu finden. Zur Nahrungsaufnahme stößt sie ihre gerade vorgestreckten Saugzangen in den Schwamm, der dabei aber nicht nennenswert geschädigt wird.

Libellen-Schmetterlingshaft

Bachhaft

Schwammfliege

Kamelhalsfliege

Raphidia sp. · Ordnung Kamelhalsfliegen

Kopf lang und schmal, mit weit vorn liegenden Augen, Vorderbrust halsartig verlängert, sehr beweglich an der übrigen Brust eingelenkt.

FS 10–40 mm. Apr–Aug. Etwa 15 schwer unterscheidbare heimische Arten, die neuerdings auf 9 verschiedene Gattungen verteilt werden.

Vorkommen An Waldrändern und in Gärten nicht selten.

Wissenswert! Die tagaktiven Imagines halten sich mit Vorliebe auf Bäumen und Sträuchern auf; manche Arten bevorzugen Laubbäume, andere findet man ausschließlich auf Nadelhölzern. Sie ernähren sich von kleineren Insekten, vorzugsweise von Blatt- und Schildläusen, die sie mit den Mandibeln ergreifen und dann von der Unterlage „abpflücken". Die Weibchen besitzen einen langen, biegsamen Legebohrer, mit dem sie ihre Eier in Rindenritzen hineinschieben. Die lang gestreckten,

deutlich abgeflachten Larven (kleines Bild oben) leben unter Baumrinde und jagen dort nach anderen Insekten, etwa nach Borkenkäfern und deren Larven. Manche findet man auch am Boden unter Sträuchern. Die Larvenentwicklung dauert meist 2–3 Jahre. Vor der letzten Überwinterung richtet sich die Larve unter Rinde oder am Boden einen Hohlraum her, in dem sie sich im folgenden Frühjahr verpuppt. Die Puppe (kleines Bild unten) ruht zunächst, wird aber kurz vor der Häutung zum ausgewachsenen Insekt sehr mobil, verlässt die Puppenhöhle und

sucht sich am Baumstamm einen Häutungsplatz, wo sie sich festkrallt, bis die Imago schließlich die Puppenhülle verlässt.

Schlammfliege

Sialis sp. · Ordnung Schlammfliegen

Schwärzlich mit dunkelbraun getönten, dachförmig getragenen Flügeln, diese mit deutlich hervortretendem, schwarzem Adernetz.

FS 23–35 mm. FZ Mai–Aug. 3 schwer unterscheidbare heimische Arten.

Vorkommen An stehenden und langsam fließenden Gewässern (*Sialis fuliginosa*) bzw. an sauberen Fließgewässern (*Sialis lutaria*) ziemlich häufig.

Wissenswert! Die ausgewachsene S.

nimmt kaum Nahrung auf. Die mit langen, fadenförmigen Tracheenkiemen ausgestattete Larve (kleines Bild) entwickelt sich im schlammigen Gewässergrund und ernährt sich von anderen Wasserinsekten. Sie verpuppt sich am Ufer in einer Erdhöhle.

Vogelfloh

Ceratophyllus sp. · Ordnung Flöhe

Körper seitlich stark abgeplattet, Hinterrand des 1. Brustsegments mit einer kammartigen Querreihe schwarzer Dorne.

KL 2–3 mm; Färbung dunkelbraun. Ganzjährig.

Vorkommen Auf verschiedenen Vogelarten (z. B. Singvögeln und Haushühnen), auch nach der Brutzeit in alten Vogelnestern. Auf anderen Warmblütern weitere Floharten.

Wissenswert! Flöhe ernähren sich nur vom Blut ihrer Wirtstiere, sind aber im Gegensatz zu Läusen weniger stark an ihren eigentlichen Wirt gebunden. So saugen Vo-

gelflöhe bei großem Hunger auch am Menschen. Die lang gestreckten, fußlosen Larven (kleines Bild) entwickeln sich in den Nestern der Wirtstiere.

Kamelhalsfliege

Schlammfliege

Vogelfloh beim Blutsaugen

Skorpionsfliege *Panorpa germanica* · Ordnung Schnabelfliegen

Letzte Hinterleibsringe beim ♂ (Bild) nach oben gebogen, am Ende mit einer Greifzange, die an einen Skorpionsstachel erinnert; beim ♀ in eine spitze Legeröhre auslaufend.

FS 25–30 mm; Kopf schnabelartig nach unten verlängert, mit beißenden Mundwerkzeugen. FZ Mai–Aug

Vorkommen An Wald- und Wegrändern fast überall häufig.

Wissenswert! Die S. ernährt sich u. a. von toten Insekten und den zuckerhaltigen Ausscheidungen der Blattläuse. Oft frisst sie auch an in Spinnennetzen gefangenen Beutetieren. Zur Paarung packt das Männchen mit seiner Hinterleibszange ein Weibchen und setzt dann, gleichsam als „Bonbon", einen in den Speicheldrüsen produzierten, zuckerhaltigen Tropfen ab, der vom Weibchen gefressen wird. Die raupenähnlichen Larven entwickeln sich im Erdreich.

Schneefloh

Boreus westwoodi · Ordnung Schnabelfliegen

Färbung dunkel grünmetallisch, Kopf in einen gelbbraunen Schnabel verlängert, Flügel stark rückgebildet.

KL um 3,5 mm. Okt–Mär

Vorkommen An Waldrändern und in offenem Gelände meist nicht selten.

Wissenswert! Der S. gehört zu den wenigen Insekten, die nur im Winterhalbjahr zu finden sind und auch bei Temperaturen nahe Null Grad mobil bleiben. An milden Wintertagen kann man ihn regelmäßig auf der Schneeoberfläche entdecken. Er ernährt sich vor allem von Moosen. Zur Paarung (kl. Bild) ergreift das Männchen mit seinen hakenförmigen Flügelstummeln ein Weibchen und befördert es auf seinen Rücken. Später legt dieses die Eier mit dem Legebohrer in den Erdboden.

Mückenhaft

Bittacus italicus · Ordnung Schnabelfliegen

Erinnert sehr an eine Kohlschnake (⇨ S. 136), jedoch mit 2 Flügelpaaren, außerdem Körperfärbung mehr orange.

FS 35–40 mm. FZ Feb-Apr

Vorkommen An warmen, feuchten Stellen im Halbschatten, vor allem in Auwäldern; in M.-EU sehr selten, im Mittelmeergebiet häufiger.

Wissenswert! Der dämmerungsaktive M. hängt sich mit seinen zu einer Schlinge zusammenrollbaren Vorderfüßen an Pflanzenstängeln auf und lässt die Hinterbeine frei herunterbaumeln. Sobald eine Fliege oder ein anderes Insekt vorbeifliegt, wird es blitzschnell mit den Hinterbeinen ergriffen, mit den stark verlängerten Fußklauen eingeklemmt, zum Mund geführt und in dieser hängend-baumelnden Körperhaltung verzehrt.

Fächerflügler

Stylops sp. · Ordnung Fächerflügler

♂ (oberes Bild) mit 6–10 mm Flügelspannweite, Hinterflügel fächerförmig ausgebreitet, Vorderflügel zu kleinen Kolben rückgebildet.

♀ (unteres Bild) 4–7 mm lang, zu einem unbeweglichen Tönnchen reduziert. FZ (♂) Feb-Apr

Vorkommen In den Nestkolonien von Sandbienen; gebietsweise nicht selten.

Wissenswert! Der F. entwickelt sich als Larve in der Made einer Sandbiene der Gattung *Andrena* (⇨ S. 176) und verpuppt sich im Hinterleib der fertigen Biene in einem Tönnchen. Von diesem ragt ein schuppenförmiger Zipfel zwischen den Segmenten hervor. Das daraus schlüpfende geflügelte ♂ paart sich auf der Biene mit dem tönnchenartig bleibenden ♀. Dieses produziert zahlreiche Eier und stirbt. Die winzigen Erstlarven verlassen den Wirt, gehen auf eine Blüte über und lassen sich von einer anderen Biene ins Nest tragen.

Skorpionsfliege

Schneefloh

Mückenhaft

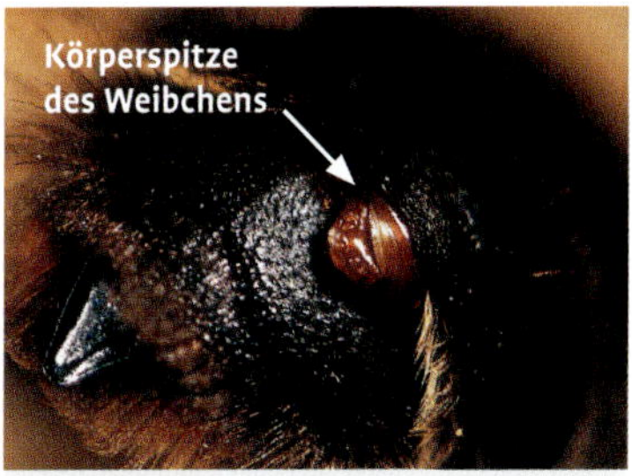

Fächerflügler

Gelbfühlerige Köcherfliege

Limnephilus flavicornis · Ordnung Köcherfliegen

Ähnlich einem Nachtfalter, doch mit behaarten, nicht beschuppten Flügeln; Vorderflügel viel schmäler als die Hinterflügel, am Ende schräg abgestutzt, mit undeutlicher, feiner Fleckenzeichnung.

FS 26–37 mm. FZ Mai–Okt

Vorkommen Im Uferbereich pflanzenreicher Teiche und Tümpel; überall ziemlich häufig.

Wissenswert! Das fertige Insekt ist vorwiegend dämmerungsaktiv, fliegt aber wenig. Da die Mundwerkzeuge wie bei allen Köcherfliegen reduziert sind, erfolgt keine Nahrungsaufnahme mehr. Die Eier werden in gallertigen Klumpen (kleines Bild unten) unmittelbar am Ufer in der Vegetation abgelegt. Die Larve besitzt einen weichhäutigen, weißlichen Hinterleib mit zahlreichen Kiemenfäden, den sie in einem Gespinstköcher verbirgt. Dieser Köcher wird außen mit Teilen der Umgebung maskiert. Dabei kann es sich z. B. um Wasserlinsen (wie im rechten großen Bild), kleine Holzstücke oder Schneckenhäuser handeln. Nicht selten baut die Larve sogar lebende Wasserschnecken in ihr Gehäuse ein. Sie ernährt sich von Wasserpflanzen.

Ähnlich Die ebenfalls häufige, nahe verwandte **Rautenköcherfliege** *Limnephilus rhombicus* besitzt die gleiche Form der Vorderflügel, trägt hier aber auf hell rotbraunem Grund einen rautenförmigen weißlichen Fleck, der vorn und hinten etwas dunkler eingefasst ist.

Durchscheinende Köcherfliege

Glyphotaelius pellucidus · Ordnung Köcherfliegen

Flügel vor der Spitze schräg bogenförmig ausgeschnitten, gelbbraun mit größeren dunklen und weißlichen Flecken.

FS 28–38 mm. FZ Mai–Aug

Vorkommen Vor allem am Ufer von Waldtümpeln; nicht selten.

Wissenswert! Diese markante Köcherfliege ist durch den charakteristischen Flügelausschnitt mit keiner anderen heimischen Art zu verwechseln. Auch ihre Larve (rechtes großes Bild) ist unverkennbar. Sie lebt vorzugsweise in Tümpeln, deren Bodengrund mit Falllaub bedeckt ist, und schneidet sich aus den Blättern kreisrunde oder ovale Stücke heraus. Aus diesen fertigt sie einen bis zu 6 cm langen, schildförmigen Köcher. Zwischen den Blattstücken befindet sich eine Gespinströhre, in der sie ihren Hinterkörper verbirgt, in die sie sich bei Gefahr aber auch vollständig zurückziehen kann. Kurz vor der Verpuppung spinnt die Larve ihren Köcher an einer Unterlage fest. Am Ende der Puppenruhe wird die Puppe beweglich, kriecht aus dem Köcher hervor und klettert an einem Pflanzenstängel aus dem Wasser heraus. Hier findet schließlich die Häutung zum fertigen Insekt statt.

Verwandt Eine weitere ziemlich häufige und kaum verwechselbare Art ist die **Zottige Köcherfliege** *Chaetopteryx villosa*. Sie besitzt auffallend kurze und breite, sehr deutlich behaarte Flügel und tritt erst im Herbst und Winter auf. Auch die Paarung findet oft auf Schnee statt. Ihr Lebensraum sind die Ufer turbulent fließender Bergbäche.

Gelbfühlerige Köcherfliege Imago (links) und Larve mit Köcher aus Wasserlinsen (rechts)

Durchscheinende Köcherfliege Imago (links) und Larve mit Köcher aus Blattstücken (rechts)

Maskenköcherfliege

Sericostoma personatum · Ord. Köcherfliegen

Schwarze Köcherfliege mit braunen Flügeln, ♂ mit verbreiterten Kiefertastern, die wie eine Maske wirken.

FS 20–33 mm. FZ Jun–Sep. (Imago nicht abgebildet.)
Vorkommen An schnell fließenden Bächen; ziemlich häufig.
Wissenswert! Die Larve (Bild) baut einen schmalen, gebogenen Köcher, der sehr gleichmäßig mit feinsten Sandkörnchen bedeckt ist.

Ähnlich Die Köcher der Gattung *Potamophylax* sind mit einer unebenen Schicht grober Sandkörner bedeckt.

Borstige Köcherfliege

Goera pilosa · Ordnung Köcherfliegen

Dunkel- (♂) bzw. hellbraun (♀) gefärbte Köcherfliege mit einheitlich braunen Flügeln.

FS 18–25 mm. FZ Mai–Jul. Schwer von anderen Arten zu unterscheiden. (Imago nicht abgebildet.)
Vorkommen An sauberen Flüssen und Bächen, auch an kiesigen Seen; nicht selten.
Wissenswert! Die Larve bedeckt ihren röhrenförmigen Köcher außen mit kleinen Steinchen und befestigt daran seitlich einzelne größere Steinchen, die von hinten nach vorn größer werden (Bild). Der ganze Köcher erhält so eine sehr flache, nach vorn verbreiterte Form. Seine strömungsgünstige Form verringert für die Larve die Gefahr, verdriftet zu werden.

Ähnlich Die Larven der Gattung *Silo* bauen sehr ähnliche Köcher, deren Form aber nach vorn nicht verbreitert ist.

Zweifleckige Köcherfliege

Neureclipsis bimaculata · Ord. Köcherfliegen

Flügel grau mit 2 weißgelben Flecken.

FS 12–21 mm. FZ Jul–Aug. (Imago nicht abgebildet.)
Vorkommen Vor allem an Ausflüssen aus Seen und Fischteichen; nicht häufig.
Wissenswert! Die sehr schmale weißliche Larve (kleines Bild unten) besitzt keine Kiemenfäden, sondern atmet über die Haut. Anstelle eines Köchers fertigt sie an Pflanzenstängeln oder zwischen Steinen ein bis zu 10 cm großes Netz mit trompetenförmiger Öffnung (großes Bild). Die Larve selbst hält sich im schmalen, umgebogenen Endstück des Netzes auf und lebt von den kleinen Pflanzenstücken, verdrifteten Planktonorganismen und anderen Feinpartikeln, die sich durch die Strömung im Netztrichter verfangen.

Landköcherfliege

Enoicyla pusilla · Ordnung Köcherfliegen

♀ (oberes Bild) 3–5 mm lang, mit winzigen Flügelstummeln.

♂ (nicht abgebildet) mit 11–15 mm Flügelspannweite, schwarz mit hellen Beinen und braunen Flügeln. Sep–Okt
Vorkommen Am Boden etwas feuchter Wälder; im westlichen D gebietsweise ziemlich häufig.
Wissenswert! Die Art ist neben einer recht ähnlichen Verwandten die einzige landlebende Köcherfliege in M.-EU. Die Larve (unteres Bild) verkleidet ihren gebogenen Köcher mit Sandkörnchen. Sie lebt vorzugsweise an der Stammbasis von Laubbäumen und ernährt sich u. a. von Falllaub. Bei feuchtem Wetter kriecht sie auch an Baumstämmen empor. Nach einer sommerlichen Ruhepause findet im Sep die Verpuppung statt. Das Weibchen legt im Okt die Eier in einem Gallerte-Scheibchen am Boden ab. Die Larven schlüpfen noch vor Winterbeginn.

Maskenköcherfliege Larve mit Sandköcher

Borstige Köcherfliege Larve mit Steinköcher

Zweifleckige Köcherfliege Fangnetz der Larve

Landköcherfliege Larve (unten) mit Sandköcher

Feld-Sandlaufkäfer

Cicindela campestris · Familie Laufkäfer

Oberseite leuchtend grün bis blaugrün, Flügeldecken am Rand und kurz hinter der Mitte mit kleinen gelbweißen Flecken.

KL 10–18 mm. Ganzjährig.

Vorkommen An Wegrändern oder auf Trockenrasen; überall ziemlich häufig.

Wissenswert! Die Larven leben an offenen Bodenstellen in knapp bleistiftdicken Erdröhren (kleines Bild). Sie besitzen einen abgeplatteten, halbkreisförmigen Kopf, der zusammen mit dem ebenso geformten Halsschild eine kreisrunde Einheit bildet, die die Röhrenmündung wie ein Deckel verschließt. Sobald z. B. eine Ameise darüberläuft, wird sie mit den nach oben gerichteten Kiefern ergriffen und in die Röhre gezogen. Die Larven lassen sich bei der

leichtesten Erschütterung, etwa durch Schritte, sofort in ihrer Röhre nach unten rutschen. Wartet man eine Weile, sieht man sie nach und nach wieder auftauchen. §

Dünen-Sandlaufkäfer

Cicindela hybrida · Familie Laufkäfer

Dunkelbraun mit Kupferglanz, Flügeldecken mit weißen Randflecken und weißer Zackenbinde.

KL 11–19 mm. Ganzjährig.

Vorkommen An offenen, sandigen Stellen, insbesondere auf Sanddünen und in Sandgruben; gebietsweise ziemlich häufig, vor allem im nördlichen D.

Wissenswert! Die Tiere sind wie alle Sandlaufkäfer sehr scheu und daher schwer zu beobachten. Sie ernähren sich von anderen Insekten, die sie mit ihren gezähnten Kiefern ergreifen und zerkleinern. Abends graben sie sich flach in den Erdboden hinabführende Röhren, in denen sie übernachten, nicht selten zu mehreren dicht beieinander. §

Ähnlich Der **Wald-Sandlaufkäfer** *Cicindela sylvatica* besitzt als einziger Sandlaufkäfer eine schwarze Oberlippe. Er kommt ziemlich selten in lichten Kiefernwäldern vor. §

Deutscher Sandlaufkäfer

Cylindera germanica · Familie Laufkäfer

Oberseite grünlich bis bronzefarben, Flügeldecken nur am Rand mit kleinen, weißen Flecken.

KL 8–11 mm. Ganzjährig.

Vorkommen Auf unbewachsenen, lehmigen oder steinigen Flächen an Wegrändern und auf Trockenrasen, vorzugsweise auf Kalkböden; überall selten.

Wissenswert! Der D. S. fliegt als einziger heimischer Sandlaufkäfer bei Gefahr nicht davon, sondern flüchtet in außerordentlich schnellem Lauf. Er besitzt deutlich längere Beine als die übrigen Arten seiner Gattung und kann leicht mit einer flüchtenden Wolfspinne verwechselt werden. Es ist schwierig, ihn bei seiner Flucht nicht aus den Augen zu verlieren. §

Verwandt Der ebenfalls grüne **Gallische Sandlaufkäfer** *Cicindela gallica* trägt weiße Zackenbinden auf den Flügeldecken. Er kommt allerdings nur in den Alpen vor. §

Feld-Sandlaufkäfer frisst Gartenlaubkäfer

Dünen-Sandlaufkäfer bei der Paarung

Deutscher Sandlaufkäfer

Goldlaufkäfer

Carabus auratus · Familie Laufkäfer

Körperoberfläche grüngolden bis kupferfarben, Flügeldecken mit je 3 glatten, ebenso gefärbten Längsrippen, die Fühlerglieder 1–4 gelb oder rot.

KL 17–30 mm. Ganzjährig.

Vorkommen Auf offenen Flächen, z. B. an Wegrändern, auf Trockenrasen und in Gärten; in den meisten Gegenden nicht selten.

Wissenswert! Der G. ist im Gegensatz zu den meisten übrigen *Carabus*-Arten vorwiegend tagaktiv. Der fertig entwickelte Käfer kann ebenso wie weitere Arten dieser Gattung ein Alter von mehreren Jahren erreichen. Er legt während der heißen Sommermonate jeweils eine Ruhepause ein und zieht sich im Herbst unter Steine oder am Boden liegende Holzstücke zurück, wo er sich zur Überwinterung eine ovale Höhle gräbt. Oft erfolgt die Überwinterung auch in bereits stark verwitterten morschen Baumstümpfen. Der flugunfähige Käfer macht am Boden Jagd auf andere Insekten und ihre Larven; er verschmäht dabei auch nicht die Larven von Kartoffelkäfern. Eine bevorzugte Beute sind offenbar Regenwürmer. Die Beute wird mit Verdauungssekret beträufelt, dadurch verflüssigt und schließlich aufgesogen.

Im Frühjahr schreiten die Käfer zur Fortpflanzung. Die dunkel pigmentierte Larve ernährt sich gleichfalls von Bodentieren und verpuppt sich im Sommer in einer Erdhöhle bis zu 20 cm tief im Boden. §

Ähnlich Beim ebenfalls nicht seltenen **Goldglänzenden Laufkäfer** *Carabus auronitens* sind die Kanten der Flügelrippen schwarz, und nur das 1. Fühlerglied ist gelbrot. Er ist im Gegensatz zum Goldlaufkäfer vor allem nachtaktiv. §

Dunkelblauer Laufkäfer

Carabus intricatus · Familie Laufkäfer

Körperform auffallend schmal und etwas abgeflacht, oberseits leuchtend blau gefärbt, besonders an den Rändern.

KL 24–36 mm. Ganzjährig.

Vorkommen In Laubwäldern und Gebüschen, vor allem im süddeutschen Bergland.

Wissenswert! Beim Männchen (Bild) sind wie bei allen *Carabus*-Arten die Fußglieder der Vorderbeine verbreitert und unterseits mit Hafthaaren besetzt. Bei dieser Art ist das letzte Glied des Kiefertasters dreieckig erweitert. Beides steht wohl im Zusammenhang mit dem Paarungsverhalten. §

Ähnlich Der rein schwarze **Lederlaufkäfer** *C. coriaceus* hat einheitlich gerunzelte Flügeldecken. §

Schluchtwald-Laufkäfer

Carabus irregularis · Familie Laufkäfer

Oberseite kupferbraun, Flügeldecken mit unregelmäßig verteilten, metallisch glänzenden Punktgruben.

KL 19–30 mm. Ganzjährig.

Vorkommen In feuchten Bergwäldern; im südlichen und mittleren D gebietsweise nicht selten.

Wissenswert! Der rechte Oberkiefer dieser Art ist an der Außenseite beulenartig erweitert. Möglicherweise ernährt sich der S. vorzugsweise von Gehäuseschnecken, die er mit seinen kräftigen Kiefern knackt. §

Ähnlich Beim seltenen **Uferlaufkäfer** *Carabus clathratus* sind die Punktgruben auf den Flügeldecken in regelmäßigen Längsreihen angeordnet. Er lebt in Feuchtgebieten und kann sogar tauchen. §

Goldlaufkäfer frisst Regenwurm

Dunkelblauer Laufkäfer

Schluchtwald-Laufkäfer

Großer Puppenräuber

Calosoma sycophanta · Familie Laufkäfer

Auffallend breit gebaut; Flügeldecken grün und rot schillernd, mit feinen Längsrippen.

KL 18–28 mm. Ganzjährig.

Vorkommen Vor allem in warmen, lichten Eichenwäldern; selten.

Wissenswert! Der G. P. ist, anders als die *Carabus*-Arten (⇨ S. 86), flugfähig und hält sich gern im Gebüsch, an Baumstämmen und im Kronenbereich auf. Hier macht er Jagd auf andere Insekten, besonders auf die Raupen von Nachtfaltern. Bei Massenvermehrungen des Schwammspinners, der Nonne oder des Eichen-Prozessionsspinners ist er meist schnell zur Stelle und kann sich dann seinerseits stark vermehren. Er dringt selbst in die von fast allen Tieren gemiedenen Nester der Prozessionsspinnerraupen ein und zieht zwischen den mit Brennhaaren gespickten Gespinstfäden seine Opfer heraus. Ein Käfer kann im Jahr etwa 400 Raupen vertilgen. §

Gewöhnlicher Schaufelläufer

Cychrus caraboides · Familie Laufkäfer

Flügeldecken stark gewölbt, Halsschild deutlich schmäler, Kopf sehr schmal und nach vorn verlängert.

KL 13–20 mm; ganz schwarz gefärbt. Ganzjährig.

Vorkommen In feuchten Wäldern; gebietsweise nicht selten.

Wissenswert! Der G. S. ist ein spezialisierter Schneckenfresser. Er verfolgt die sich nach seinem Angriff zurückziehende Schnecke dank seines stark verschmälerten Vorderkörpers bis tief ins Gehäuse, beträufelt sie mit Darmsaft und schlürft den sich zersetzenden Weichkörper auf.

Ähnlich Der **Bergschaufelläufer** *Cychrus attenuatus* besitzt Kettenstreifen auf den Flügeldecken und gelbbraune Beinschienen.

Bunter Enghalsläufer

Anchomenus dorsalis · Familie Laufkäfer

Oberseite metallisch grün schimmernd, Flügeldecken in der vorderen Hälfte gelbbraun gefärbt.

KL 6–8 mm. Ganzjährig.

Vorkommen In offenem Gelände, z. B. an Wegrändern, auf Wiesen und in Gärten; häufig.

Wissenswert! Der Käfer ernährt sich von anderen Insekten, z. B. Blattläusen und Raupen. Er überwintert oft in großen Gemeinschaften unter Steinen, z. T. gemeinsam mit Bombardierkäfern.

Verwandt Der **Sumpf-Halsläufer** *Odacantha melanura* weist einen deutlich schmäleren Körperbau auf und ist auf den Flügeldecken viel ausgedehnter hell gezeichnet. Er lebt vorwiegend im Uferbereich stehender Gewässer. §

Großer Bombardierkäfer

Brachinus crepitans · Familie Laufkäfer

Flügeldecken metallisch grün oder blau gefärbt, übriger Körper einschließlich der Beine gelbrot.

KL 6–10 mm. Ganzjährig.

Vorkommen An warmen, offenen Stellen, vor allem auf lückigen Trockenrasen, nur im südlichen und mittleren D; gebietsweise nicht selten.

Wissenswert! Der Käfer kann sich sehr wirksam mit einer deutlich hörbaren Knallgasreaktion verteidigen. Er erzeugt in paarigen Drüsen des Hinterleibs ein Gemisch aus Hydrochinon, Methylhydrochinon und Wasserstoffperoxid, das er bei Gefahr in einer „Brennkammer“ mit Enzymen zusammenführt und dadurch zur Explosion bringt. Die dabei entstehenden Chinone treten als kleine Dampfwolke an der Hinterleibsspitze aus und können z. B. andere Käfer oder Ameisen in die Flucht schlagen. Auch Kröten spucken geschnappte Bombardierkäfer meist gleich wieder aus. §

Großer Puppenräuber mit Beute

Gewöhnlicher Schaufelläufer

Bunter Enghalsläufer

Großer Bombardierkäfer

Gelbrandkäfer

Dytiscus marginalis · Familie Schwimmkäfer

Oberseite schwarzgrün, Außenseiten der Flügeldecken und Halsschild ringsum gelb gerandet; Flügeldecken beim ♂ (linkes großes Bild) glatt, beim ♀ (rechtes großes Bild) mit tiefen Längsfurchen.

KL 27–35 mm; die Fußglieder 1–3 der Vorderbeine beim ♂ außerdem schildförmig erweitert, unterseits mit 2 großen und zahlreichen kleinen Saugnäpfen. Ganzjährig.

Vorkommen In pflanzenreichen stehenden Gewässern meist nicht selten.

Wissenswert! Der G. kann bis zu 5 Jahre alt werden. Er ernährt sich von kleineren Wassertieren, auch von Aas. Zur Paarung heftet sich das Männchen mit seinen Saugnäpfen an den Vorderfüßen am Halsschild des Weibchens fest. Dieses versenkt danach mit seinem Legebohrer die Eier in Stängel und Blätter von Wasserpflanzen.

Die langgestreckte Larve (kleines Bild)

hängt normalerweise mit s-förmig gebogenem Körper an der Wasseroberfläche und schiebt dabei die Hinterleibsspitze mit den Atemöffnungen etwas über den Wasserspiegel hinaus. Mit ihren lang beborsteten Beinen kann sie aber auch, unterstützt durch peitschenartige Schläge des Hinterleibs, frei durchs Wasser schwimmen. Sie besitzt lange, säbelförmige Kiefer, mit denen sie Beutetiere ergreift und durch ein Verdauungssekret tötet. Die aufgelösten Bestandteile werden anschließend durch einen Saugkanal in den Kiefern aufgesogen. Die Larven sind untereinander sehr unverträglich und dezimieren sich gegenseitig, sobald sie aufeinandertreffen. Am Ende ihrer Entwicklung graben sie am Ufer eine Höhle, in der sie sich verpuppen.

Gaukler

Cybister lateralimarginalis · Familie Schwimmkäfer

Halsschild nur an den Seiten gelb gerandet, Bauch gelbrot; ♂ (gr. Bild) wie beim Gelbrandkäfer mit glatten Flügeldecken und Saugnäpfen an den Vorderfüßen.

♀ (kleines Bild unten) mit gleichmäßig lederartig genarbten Flügeldecken. KL 30–37 mm. Ganzjährig.

Vorkommen In sauberen, pflanzenreichen Teichen und Tümpeln; in den letzten Jahren fast überall selten geworden.

Wissenswert! Der G. ist ein noch eleganterer Schwimmer als der Gelbrandkäfer. Bei seinen zu Rudern umgewandelten Hinterbeinen ist die Schiene auffallend kurz, und die Fußglieder tragen viel längere Schwimmborsten. Bei der Vorwärtsbewegung legen

diese sich eng aneinander, beim Rückwärtsschlag aber spreizen sie sich weit ab und bewirken einen sehr kräftigen Vorwärtsschub. Der

Käfer scheint sich mit Vorliebe von Wasserschnecken zu ernähren. Er kriecht mit seinem Kopf z. B. tief in die ohrförmigen Gehäuse der Schlammschnecken hinein und reißt Teile des Weichkörpers heraus.

Die Larve (kleines Bild oben) besitzt einen weniger nach hinten verschmälerten Körper als die Gelbrandkäferlarve, auch ist ihr Kopf deutlich kleiner. Wie jene ernährt sie sich offenbar vorwiegend von Insekten- und Amphibienlarven. §

Ähnlich Beim **Schwarzbauch** *Dytiscus semisulcatus* sind ebenfalls nur die Halsschildseiten gelb gerandet, er hat aber einen schwarzen Bauch. Die Art lebt vorzugsweise in Moorgewässern. §

Gelbrandkäfer Männchen (links) und Weibchen (rechts)

Gaukler

Furchenschwimmer

Acilius sulcatus · Familie Schwimmkäfer

Ziemlich breit und flach gebauter Schwimmkäfer. Flügeldecken fein marmoriert, beim ♂ (Bild) glatt, beim ♀ mit breiten, behaarten Längsfurchen.

KL 15–18 mm. Ganzjährig.

Vorkommen In meist kleineren stehenden Gewässern überall häufig.

Wissenswert! Das Männchen besitzt wie das des Gelbrandkäfers (⇨ S. 90) verbreiterte, auf der Unterseite mit Saugnäpfen besetzte Vorderfüße, mit denen es sich zur Paarung am Weibchen festheftet. Die Larve (kleines Bild) hat einen sehr schmalen Vorderkörper und einen auffallend kleinen

Kopf mit kurzen Saugzangen. Sie schwimmt mit ihren Beinen sehr behände, kann aber auch mit ruckartigen Schlägen des Hinterleibs sprungartig durchs Wasser schnellen. Sie frisst z. B. Wasserflöhe.

Teichschwimmer

Colymbetes fuscus · Familie Schwimmkäfer

Flügeldecken mit dichtem Muster feiner, dunkler Querriefen; Unterseite am Rand gelb, sonst schwarz.

KL 16–17 mm. Jul–Mai

Vorkommen In kleineren stehenden Gewässern, oft in Gesellschaft des Furchenschwimmers; fast überall häufig.

Wissenswert! Beim Männchen sind die Fußglieder der Vorderbeine nur wenig verbreitert. Sie tragen auf der Unterseite zahlreiche kleine, dazwischen aber keine großen Saugnäpfe.

Ähnlich Der etwas größere und dunklere *Colymbetes paykulli* hat eine ganz schwarze Unterseite. Er kommt nur im nördlichen D vor und lebt in Moorgewässern. §

Kugelschwimmer

Hyphydrus ovatus · Familie Schwimmkäfer

Färbung einheitlich rostrot, Gestalt fast kugelig.

KL 4–5 mm. Ganzjährig.

Vorkommen Vor allem in pflanzenreichen Kleingewässern; fast überall häufig.

Wissenswert! Der K. überwintert wie die meisten Arten seiner Familie als Imago. Im Wasser führt er wie alle Schwimmkäfer einen Luftvorrat mit sich, den er von Zeit zu Zeit erneuert, indem er die Hinterleibsspitze über den Wasserspiegel hinausschiebt. Während die meisten übrigen Wasserkäfer ihren ganzen Luftvorrat unter den Flügeldecken speichern, trägt der K. zusätzlich stets eine kleine Luftblase an der Hinterleibsspitze.

Die Larve ist kurz und breit gebaut und trägt auf ihrem braunen Körper weißliche Querstreifen. Sie bewegt sich überwiegend kriechend zwischen Wasserpflanzen und ernährt sich vorzugsweise von Wasserflöhen und anderen Kleinkrebsen.

Gefleckter Flussschwimmer

Platambus maculatus · Fam. Schwimmkäfer

Halsschild vorn und hinten mit schwarzer, dazwischen mit weißer und brauner Querbinde.

KL 7–9 mm; Flügeldecken auf gelbbraunem Grund mit schwarzem Fleckenmuster. Ganzjährig.

Vorkommen Anders als fast alle übrigen Schwimmkäfer immer in bewegtem Wasser, sowohl in Bächen als auch in der Uferzone größerer Seen; ziemlich häufig.

Wissenswert! Der Käfer ist sehr variabel gezeichnet. Im Extremfall kann die schwarze Zeichnung auf einen Längsstreifen entlang der Flügelnaht und einen weiteren in der Flügelmitte reduziert oder aber die helle Grundfärbung fast völlig zurückgedrängt sein. Die Art ist aber schon durch ihren Lebensraum leicht von ähnlichen Schwimmkäfern zu unterscheiden. Die lang gestreckte Larve ist nach hinten verschmälert und trägt zwischen den Augen eine geschwungene dunkle Querbinde.

Furchenschwimmer

Teichschwimmer

Kugelschwimmer überwintert teils im Wasser, teils an Land

Gefleckter Flussschwimmer

Taumelkäfer

Gyrinus substriatus · Familie Taumelkäfer

Körper stromlinienförmig, nach hinten etwas zugespitzt, Oberseite glatt und unbehaart.

KL 5–7 mm. Ganzjährig.

Vorkommen Auf der Oberfläche von Gewässern; ziemlich häufig.

Wissenswert! An den Mittel- und Hinterbeinen des T. sind die Fußglieder zu schmalen Plättchen umgewandelt. Diese legen sich bei der Vorwärtsbewegung fächerförmig übereinander, spreizen bei der Rückwärtsbewegung aber auseinander. Dabei werden 84 % der aufgewendeten Kraft in Vortrieb umgesetzt. Die Facettenaugen sind zweigeteilt; die eine Hälfte liegt unter dem Wasserspiegel.

Ähnlich Der **Behaarte Taumelkäfer** *Orectochilus villosus* ist dicht behaart.

Stachelwasserkäfer

Hydrochara caraboides · Familie Wasserkäfer

Schwarz mit leichtem Erzglanz, Hinterbrust unterseits mit kurzem, nach hinten gerichtetem Dorn.

KL 14–19 mm. Aug–Jun

Vorkommen In pflanzenreichen stehenden Gewässern; im Allgemeinen nicht selten.

Wissenswert! Der S. schwimmt mit alternierenden Bewegungen seiner Hinterbeine weit unbeholfener als die Schwimmkäfer (die stets mit synchronen Hinterbeinbewegungen rudern). Das Weibchen legt im Fühjahr seine Eier in einem weißen, an der Wasseroberfläche treibenden Seidenkokon ab, der an der Seite einen langen „Schornstein" zur Atmung trägt und oberseits fast immer mit einem dürren Blatt bedeckt ist (kl. Bild). Während sich die Imago von Wasserpflanzen ernährt, frisst die Larve (rechtes gr. Bild) andere kleine Wassertiere. Sie hebt die Beute über den Wasserspiegel, beträufelt sie mit Verdauungssaft und saugt sie auf. §

Großer Kolbenwasserkäfer

Hydrophilus piceus · Familie Wasserkäfer

Unterseite des Hinterleibs dachförmig gekielt, Unterseite der Hinterbrust nach hinten in einen langen, spitzen Dorn auslaufend.

KL 34–50 mm. Ganzjährig.

Vorkommen In pflanzenreichen, stehenden Gewässern; in D fast überall selten geworden.

Wissenswert! Der imposante Käfer wurde früher als Fischereischädling verfolgt, da man seinen Stachel für eine gefährliche Waffe hielt, mit der er Fische erbeuten würde („Karpfenstecher"). Er ernährt sich jedoch von Wasserpflanzen und daneben von Aas. Die mitgeführte Atemluft speichert er außer unter den Flügeldecken auch in der Behaarung seiner Körperunterseite, wo sie als silbrig glänzende Schicht gut zu erkennen ist. Zum Luftwechsel schiebt er die Oberseite von Kopf und Halsschild über den Wasserspiegel hinaus. Die bis zu 7 cm lange, plumpe Larve (kleines Bild) ernährt sich von Wasserschnecken. §

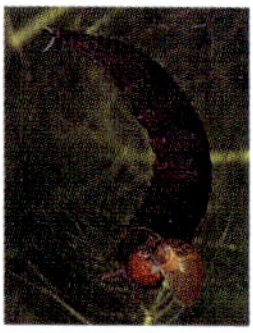

Taumelkäfer schwimmt auf der Wasseroberfläche

Stachelwasserkäfer Imago (links) und Larve beim Fressen (rechts)

Großer Kolbenwasserkäfer

Bunter Kurzflügler

Staphylinus caesareus · Familie Kurzflügler

Oberseite schwarz mit rotbraunen Flügeldecken und goldglänzenden Haarflecken auf dem Halsschild und an den Seiten sämtlicher Rückenplatten des Hinterleibs.

KL 17–25 mm. Mai–Aug

Vorkommen In offenem Gelände, z. B. an Wegrändern, auf Wiesen und Trockenrasen; im mittleren und südlichen D nicht selten, im N hingegen nur ganz vereinzelt.

Wissenswert! Die Kurzflügler sind mit fast 2000 heimischen Arten die artenreichste Käferfamilie Mitteleuropas. Die meisten Arten, so auch der B. K., können trotz der stark verkürzten Flügeldecken recht gut fliegen. (Vor allem bei Alpenarten fehlen oft die Hinterflügel, und bei manchen Arten treten flugfähige und nicht flugfähige Exemplare auf.) Die häutigen Hinterflügel liegen in Ruhe mehrfach zusammengefaltet unter den Flügeldecken verborgen, können aber bei Bedarf blitzschnell entfaltet werden. Beim Zusammenfalten werden sie mit schnellen Schwenkbewegungen der Hinterleibsspitze wieder unter die Deckflügel zurückgeschoben. Der auffallende B. K. ist anders als die meisten Vertreter seiner Familie vorwiegend tagaktiv. Der Käfer ernährt sich ebenso wie seine Larve räuberisch von anderen Insekten sowie von Würmern und Schnecken.

Ähnlich Beim ähnlichen *Dinothenarus fossor* (Bild) ist außer den Flügeldecken auch das Halsschild rotbraun, die Hinterleibsringe tragen auch in der Mitte je einen goldgelben Fleck.

Großaugen-Kurzflügler

Stenus bimaculatus · Familie Kurzflügler

Sehr schmaler und lang gestreckter Kurzflügler mit auffallend großen Augen; Flügeldecken mit rotem Punkt.

KL 6–7 mm. Ganzjährig.

Vorkommen An feuchten, meist halbschattigen Orten, besonders an Gewässerufern; überall ziemlich häufig.

Wissenswert! Auch dieser ausgesprochen flinke Kurzflügler gehört zu den tagaktiven Arten. Er macht Jagd auf andere kleinere Insekten, vorzugsweise auf Springschwänze, die er mit seinen großen, halbkugeligen Augen fixiert und dann mit seinen einzigartigen Mundwerkzeugen erbeutet. Die Unterlippe ist zu einer teleskopartig vorstreckbaren Schleuderzunge umgewandelt, die durch eine blitzartige Erhöhung des Blutdrucks bis auf etwa die halbe eigene Körperlänge vorgeschnellt werden kann. An ihrer Spitze befinden sich Klebepolster, an denen die Beute haften bleibt, um dann den Kiefern zugeführt zu werden.

Keulenkäfer

Claviger longicornis · Familie Kurzflügler

Körper nach vorn stark verschmälert, Kopf etwa doppelt so lang wie breit.

KL 2,5–3 mm; hinter den schuppenförmigen Flügeldecken ein gelbliches Haarbüschel. Apr–Jun

Vorkommen Ausschließlich in den Nestern der Schattenameise *Lasius umbratus*; ziemlich selten.

Wissenswert! Der winzige Käfer sondert unter seinen Haarbüscheln ein Sekret ab, das sich in einer Grube auf dem Rücken sammelt und begierig von den Ameisen aufgeleckt wird. Dabei handelt es sich offenbar um ein Rauschmittel. Als Gegenleistung wird der Käfer von den Ameisen gefüttert und bei Gefahr an den Fühlern gepackt und an einen sicheren Ort getragen. §

Ähnlich Der noch kleinere *Claviger testaceus* (KL 2–2,5 mm) besitzt kürzere und deutlich dickere Fühler. §

Bunter Kurzflügler

Großaugen-Kurzflügler

Keulenkäfer

Totengräber

Necrophorus vespillo · Familie Aaskäfer

Flügeldecken nicht ganz bis zur Hinterleibsspitze reichend, schwarz mit 2 gelbroten Querbinden.

KL 12–22 mm. Ganzjährig.

Vorkommen An Waldrändern und in offenem Gelände ziemlich häufig.

Wissenswert! Der T. entwickelt sich in kleineren Tierleichen. Wenn das Männchen z. B. eine tote Maus entdeckt hat, steigt es an einem Halm empor, streckt seinen Hinterleib hoch und lockt durch abgegebene Duftstoffe ein Weibchen herbei. Das Paar versenkt den Kadaver in den Boden, indem es ihn untergräbt, und formt in einer kleinen Höhle daraus eine Kugel. Dann legt das Weibchen in einem Seitengang Eier und füttert später, auf der Aaskugel sitzend, die regelrecht bettelnden Junglarven mit vorverdauter Nahrung von Mund zu Mund. Erst im letzten Häutungsstadium gehen die Larven zur selbstständigen Nahrungsaufnahme über.

Rothalsige Silphe

Oiceoptoma thoracicum · Familie Aaskäfer

Körper sehr breit und flach gebaut, Kopf dagegen auffallend schmal; Halsschild rot gefärbt.

KL 12–16 mm. Ganzjährig.

Vorkommen In verschiedensten Lebensräumen; überall ziemlich häufig.

Wissenswert! Dieser dank des roten Halsschilds unverwechselbare Käfer ernährt sich wie der Totengräber vorwiegend von Aas, daneben aber auch von faulenden Pilzen oder Kot.

Verwandt Der ebenfalls zu den Aaskäfern gehörige **Schwarze Schneckenjäger** *Phosphuga atrata* besitzt eine ähnliche Körperform, ist aber ganz schwarz. Er ernährt sich, anders als die meisten Arten dieser Familie, fast ausschließlich von Schnecken.

Kleines Glühwürmchen

Lamprohiza splendidula · Familie Leuchtkäfer

♂ normal geflügelt, an einen Weichkäfer (⇨ S. 100) erinnernd, Halsschild mit durchscheinendem Fenster, der Kopf mit den großen Augen darunter verborgen.

♀ larvenartig, weißlich, mit winzigen Flügelstummeln. KL 8–10 mm. Jun–Jul

Vorkommen In etwas feuchten Wäldern und Gebüschen; im südlichen D ziemlich häufig, im N seltener.

Wissenswert! Beide Geschlechter können in besonderen Leuchtorganen, die beim Männchen unterseits kurz vor der Hinterleibsspitze (linkes großes Bild), beim Weibchen (kleines Bild oben) darüber hinaus an den Seiten weiterer Hinterleibsringe liegen, ein grünliches Leuchten erzeugen. Das Licht entsteht, wenn die Tiere die beiden in ihrem Körper gebildeten Stoffe Luciferin und Luciferase zusammenbringen. Sie leuchten, unabhängig vom Wetter, jeweils von der späten Dämmerung bis kurz nach Mitternacht. Die am Boden sitzenden Weibchen locken auf diese Weise die emsig umherfliegenden Männchen herbei. Auch die kurz nach der Paarung abgelegten Eier leuchten ein wenig. Die dunkelgrauen, asselförmigen Larven ernähren sich von Schnecken und zeigen ebenfalls ein leichtes Leuchten.

Ähnlich Beim **Großen Leuchtkäfer** *Lampyris noctiluca* leuchtet nur das ziemlich dunkel gefärbte, ungeflügelte Weibchen (Bild).

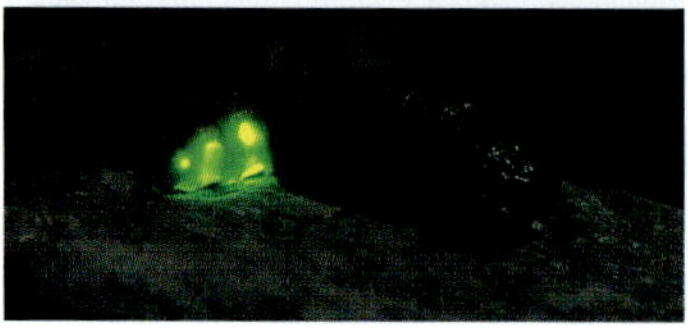

Totengräber

Rothalsige Silphe

Kleines Glühwürmchen Männchen (links) und Pärchen (rechts)

Stutzkäfer

Hister quadrimaculatus · Familie Stutzkäfer

Körper sehr breit und auffallend fest gepanzert; Flügeldecken deutlich vor der Hinterleibsspitze endend.

KL 7–11 mm; schwarz, mit gebogenem, rotem Streifen, der auch in 2 Flecke geteilt sein kann. Ganzjährig.

Vorkommen In offenem Gelände, vor allem an wärmeren Orten; nicht selten.

Wissenswert! Der Käfer ist an Dung, insbesondere an Kuhfladen und Pferdeäpfeln, zu finden. Er ernährt sich räuberisch von den am Dung lebenden Insekten und ihren Larven, vor allem von Fliegenmaden. §

Zweifleckiger Zipfelkäfer

Malachius bipustulatus · Familie Zipfelkäfer

Ziemlich weicher, lebhaft grün gefärbter Käfer mit leicht klaffenden Flügeldecken, darauf hinten ein roter Punkt.

KL 5–6 mm. Mai–Aug

Vorkommen An warmen, offenen Stellen im Gebüsch oder auf blühenden Pflanzen; in den meisten Gegenden nicht selten.

Wissenswert! Der Käfer ernährt sich von Blütenstaub, vielleicht auch von kleinen Insekten. Das an Erweiterungen der Fühlerglieder 2–4 erkennbare Männchen (Bild) sondert bei der Balz am Kopf ein Sekret ab, das vom Weibchen aufgeleckt wird.

Dunkler Soldatenkäfer

Cantharis obscura · Familie Weichkäfer

Körper ziemlich weich, fast schwarz, nur Halsschild an den Seiten gelbrot.

KL 9–13 mm. Mai–Aug

Vorkommen An Waldrändern und auf Wiesen häufig.

Wissenswert! Der Käfer lebt vorwiegend im Gebüsch und ernährt sich von kleineren Insekten. Die graue, offenbar ebenfalls räuberische Larve ist auch im Winter aktiv und kann gelegentlich auf Schnee beobachtet werden. Der D. S. ähnelt dem Gewöhnlichen S. *C. fusca*. Bei diesem trägt das rote Halsschild vorn einen dunklen Fleck.

Roter Weichkäfer

Rhagonycha fulva · Familie Weichkäfer

Körper weich, Färbung rostrot mit gelbbraunen, an den Spitzen schwarz gefleckten Flügeldecken.

KL 7–10 mm. Jun–Aug

Vorkommen In Wäldern und offenem Gelände, auch in Gärten überall sehr häufig.

Wissenswert! Der B. W. ist einer der häufigsten Käfer überhaupt. Die Tiere sitzen oft scharenweise auf Doldenblüten und anderen blühenden Pflanzen. Sie ernähren sich hier offenbar vom Blütenstaub, erbeuten aber auch wohl andere Insekten. Die Paarung (Bild) dauert mehrere Stunden.

Kammhorn-Schnellkäfer

Ctenicera sp. · Familie Schnellkäfer

Körper schmal, erzglänzend oder grünmetallisch; ♂ (Bild) mit deutlich gekämmten Fühlern.

KL 12–18 mm. Mai–Aug

Vorkommen Auf sonnigen Bergwiesen, Trockenrasen; im Bergland nicht selten.

Wissenswert! Der Käfer besitzt einen besonderen Klickmechanismus, mit dem er sich aus der Rückenlage emporschnellen kann. Ein Zapfen zwischen Vorder- und Mittelbrust, der in „Hohlkreuz"-Haltung in eine Grube gedrückt ist, wird dabei plötzlich entriegelt.

Kreuzschnellkäfer

Selatosomus cruciatus · Familie Schnellkäfer

Halsschild schwarz mit 2 roten Längsbinden, Flügeldecken hellbraun mit kreuzförmiger Zeichnung.

KL 10–14 mm. Mai–Jul

Vorkommen In feuchten Wäldern; nicht häufig.

Wissenswert! Dieser unverwechselbar gefärbte und gezeichnete Schnellkäfer ist an seinen Fundorten im Gebüsch oder auf Totholz manchmal in größerer Zahl zu beobachten. Seine schmale, relativ fest chitinisierte Larve („Drahtwurm") entwickelt sich an den Wurzeln krautiger Pflanzen. §

Stutzkäfer

Zweifleckiger Zipfelkäfer

Dunkler Soldatenkäfer

Roter Weichkäfer Paarung

Kammhorn-Schnellkäfer

Kreuzschnellkäfer

Zottiger Bienenkäfer

Trichodes alvearius · Familie Buntkäfer

Oberseite blauschwarz, Flügeldecken leuchtend rot mit 3 dunklen Querbinden.

KL 10–17 mm. Mai–Jul

Vorkommen An warmen, trockenen Orten, vor allem auf Trockenwiesen; nicht häufig.

Wissenswert! Der Käfer ist oft auf Blüten anzutreffen, wo er sich von Pollen ernährt, aber wohl auch von kleineren Insekten. Seine Larve entwickelt sich in den Nestern von Wildbienen; man nennt den Käfer daher auch – wie die gleichnamige Grabwespe (⇨ S. 168) – „Bienenwolf". §

Ameisenbuntkäfer

Thanasimus formicarius · Familie Buntkäfer

Schwarz und rot gefärbter, struppig behaarter Käfer, Flügeldecken mit 2 weißen Zackenbinden.

KL 7–11 mm. Ganzjährig.

Vorkommen Vorwiegend in Nadelwäldern; überall ziemlich häufig.

Wissenswert! Der Käfer ernährt sich ebenso wie seine Larve fast ausschließlich von Borkenkäfern und deren Larven und ist dadurch für den Forstwirt ausgesprochen nützlich. Oft wird er Opfer von Duftstofffallen für Borkenkäfer, da er sich an den Lockdüften seiner Beutetiere orientiert.

Marienprachtkäfer

Chalcophora mariana · Familie Prachtkäfer

Körper breit und flach, nach hinten deutlich verschmälert; schwarz mit starkem Kupferglanz.

KL 24–30 mm; oberseits mit grau beschuppten Längsfurchen. Mai–Aug

Vorkommen In Kiefernwäldern, besonders auf Sandböden; ziemlich selten.

Wissenswert! Dieser größte heimische Prachtkäfer sonnt sich gern auf frisch gefällten Kiefernstämmen. Die Larve (rechtes großes Bild) besitzt einen sehr schmalen Körper, der im vorderen Teil deutlich erweitert und abgeflacht ist. Sie entwickelt sich unter Kiefernrinde und verpuppt sich am Ende des Fraßganges in einer flach ovalen Puppenwiege (kleines Bild unten). Kurz vor dem Schlupf des Käfers ist bereits dessen dunkel metallische Färbung zu erkennen. §

Achtpunktiger Kiefernprachtkäfer

Buprestis octoguttata · Familie Prachtkäfer

Leuchtend blaumetallisch gefärbt, Flügeldecken meist mit je 4 querovalen gelben Flecken.

KL 9–18 mm. Mai–Aug

Vorkommen Am Rand sandiger Kiefernwälder und in Mooren an Latschenkiefern.

Wissenswert! Der Käfer ist bei warmem Wetter meist nahe seiner Brutbäume anzutreffen, fliegt aber schon bei der geringsten Störung davon. Seine Larve entwickelt sich in Kiefernstümpfen und Totholz. §

Glänzender Eckschild-Prachtkäfer

Anthaxia nitidula · Familie Prachtkäfer

♂ meist einheitlich metallisch grün, ♀ (Bild) mit rotem Kopf und Halsschild.

KL 5–7 mm. Mai–Jul

Vorkommen Im süd- und mitteldeutschen Bergland stellenweise nicht selten, im norddeutschen Flachland fast fehlend.

Wissenswert! Dieser flinke, kleine Prachtkäfer ist anders als die meisten seiner Verwandten oft beim Blütenbesuch anzutreffen. Die Larve entwickelt sich unter der Rinde von Schlehen und Obstbäumen. §

Zottiger Bienenkäfer

Ameisenbuntkäfer

Marienprachtkäfer Imago (links) und Larve (rechts)

Achtpunktiger Kiefernprachtkäfer

Glänzender Eckschild-Prachtkäfer
besucht bevorzugt gelbe Blüten

Siebenpunkt

Coccinella septempunctata · Fam. Marienkäfer

Flügeldecken rot, mit insgesamt 7 schwarzen Punkten.

KL 5–8 mm. Ganzjährig.
Vorkommen Überall häufig, dringt regelmäßig auch in Wohnungen ein.
Wissenswert! Der S. ist als Blattlausvertilger beliebt. Nicht nur der Käfer selbst, auch die blaugraue, mit gelben Flecken gezeichnete Larve (kl. Bild) ernährt sich fast nur von Blattläusen. Sie benötigt für ihre Entwicklung etwa 600 ihrer Beutetiere. Allerdings verträgt sie nicht alle Blattlausarten; so erweist sich z. B. die Holunderblattlaus (⇨ S. 66) für sie als tödlich giftig.

Ähnlich Der ein wenig kleinere **Zweipunkt-Marienkäfer** *Adalia bipunctata* hat nur 2 schwarze Punkte.

Längsfleckiger Marienkäfer

Myzia oblongoguttata · Fam. Marienkäfer

Flügeldecken braunrot, mit länglichen, hellgelben Flecken und schmalen Längsstreifen gezeichnet.

KL 6–8 mm. Ganzjährig.
Vorkommen In Nadelwäldern fast überall häufig.
Wissenswert! Dieser unverkennbare Marienkäfer gehört zu den größten Arten seiner Familie. Er ist ausschließlich auf Nadelbäumen zu finden und ernährt sich offenbar von den an den Zweigen saugenden Blattläusen.

Ähnlich *Verwandt:* Noch etwas größer (bis 9 mm) wird der **Augenmarienkäfer** *Anatis ocellata*. Er hat rote Flügeldecken mit schwarzen, von einem hellen Hof umgebenen Punkten und frisst ebenfalls Koniferenblattläuse.

Zweiundzwanzigpunkt-Marienkäfer

Psyllobora vigintiduopunctata · Fam. Marienkäfer

Oberseite gelb, auf Halsschild und Flügeldecken mit zahlreichen schwarzen Punkten.

KL 3–5 mm. Ganzjährig.
Vorkommen An Waldrändern, in offenem Gelände und auch in Gärten überall häufig.
Wissenswert! Dieser kleine, kaum verwechselbare Käfer ernährt sich nicht von Blattläusen, sondern von Mehltaupilzen, die als Verursacher von Pflanzenkrankheiten an Kulturpflanzen gefürchtet sind. Sein Nutzen ist allerdings wohl kaum nennenswert, er macht sich im Gegenteil eher durch die Verbreitung der Pilzsporen unbeliebt.
Außer dieser Art gibt es noch einige weitere Marienkäfer mit abweichender Ernährungsweise. So ist der im Mittelmeergebiet häufige *Henosepilachna argus* ein ausschließlicher Pflanzenfresser.

Asiatischer Marienkäfer

Harmonia axyridis · Fam. Marienkäfer

Auch als „Harlekin“ bezeichnet, sehr variabel gefärbt, auf dem Halsschild häufig eine schwarze „W“-förmige Zeichnung.

KL 5–8 mm. Ganzjährig.
Vorkommen Über weite Teile Europas verbreitet und häufig.
Wissenswert! Der A. M. ist ursprünglich in Ostasien beheimatet. Er wurde zur biologischen Schädlingsbekämpfung gezüchtet und zum Schutz vor Blattläusen eingesetzt. Inzwischen tritt er an vielen Stellen massenhaft wild auf, und es ist zu befürchten, dass er einheimische Marienkäfer-Arten verdrängt. Im Herbst bildet er große Schwärme, die Häuser und andere geschützte Orte zur Überwinterung aufsuchen.

Siebenpunkt

Längsfleckiger Marienkäfer

Zweiundzwanzigpunkt-Marienkäfer

Asiatischer Marienkäfer

Messingkäfer

Niptus hololeucus · Familie Diebskäfer

Körper stark gewölbt, dicht mit messingfarbenen Haaren besetzt, Kopf fast ganz unter dem Halsschild verborgen.

KL 4–4,5 mm. Ganzjährig.

Vorkommen Ursprünglich in Vorderasien heimisch, heute bei uns in Wohnungen fast überall häufig, besonders in alten Fachwerkhäusern.

Wissenswert! Der anspruchslose Käfer hat ein sehr geringes Feuchtigkeitsbedürfnis. Er ernährt sich gern von Getreideprodukten und kann sich z. B. auch in Strohfüllungen von Zwischenböden entwickeln.

Kräuterdieb

Ptinus fur · Familie Diebskäfer

Geschlechter sehr verschieden: ♂ schmal, einfarbig braun. ♀ (Bild) deutlich gewölbt, auf den Flügeldecken mit 2 hellen Querbinden.

KL 3–4 mm. Ganzjährig.

Vorkommen In Wohnungen häufig, auch im Freiland in alten Vogelnestern oder morschem Holz.

Wissenswert! Der Käfer ernährt sich wie der Messingkäfer oft von Lebensmittelvorräten und kann auch durch das Benagen von Stoffen lästig in Erscheinung treten. Die Schäden sind aber meist gering.

Gewöhnlicher Speckkäfer

Dermestes lardarius · Familie Speckkäfer

Länglich ovaler, in der Grundfärbung schwarzer Käfer; vordere Hälfte der Flügeldecken graugelblich behaart, mit kleinen, dunklen Flecken.

KL 7–9 mm. Ganzjährig.

Vorkommen In Wohnungen regelmäßig, im Freiland an vertrockneten Tierkadavern und in verrottenden Wespennestern.

Wissenswert! Der Käfer und seine stark behaarte Larve ernähren sich vorwiegend von trockenen Fleischresten. Man kann die Tiere daher gut zur chemikalienfreien Präparation von Tierskeletten verwenden.

Großer Totenkäfer

Blaps gigas · Familie Schwarzkäfer

Tiefschwarz mit leichtem, fettigem Glanz; Flügeldecken hinten in 2 eng beieinanderliegende Zipfel ausgezogen.

KL 32–38 mm. Ganzjährig.

Vorkommen Im Mittelmeergebiet in alten Häusern und Ruinen, auch unter größeren Steinen; bisweilen nach D eingeschleppt.

Wissenswert! Der auffallend große Käfer ernährt sich von verschiedensten Abfällen. Bei Beunruhigung streckt er häufig seine Hinterleibsspitze schräg empor (Bild), möglicherweise um dabei unangenehm riechende Abwehrsekrete abzugeben.

Mehlkäfer

Tenebrio molitor · Familie Schwarzkäfer

Einfarbig dunkelbrauner bis schwarzer Käfer, der sehr an einen Laufkäfer erinnert.

KL 12–18 mm; wie alle Schwarzkäfer an den Kopfseiten vor den Augen mit einer flachen Leiste, die den Fühleransatz von oben verdeckt. Ganzjährig.

Vorkommen In Wohnungen an Mehlprodukten, im Freiland gelegentlich in morschem Holz oder in Vogelnestern.

Wissenswert! Bekannter als der Käfer ist seine Larve, der „Mehlwurm“ (rechtes Bild). Er wird vor allem als Futter für Ziervögel und Reptilien in großem Umfang gezüchtet. Weniger beliebt macht er sich in der Küche, wo er z. B. Backwaren und andere Mehlprodukte durchlöchert. Die Puppe (kleines Bild) zeigt die für die meisten Käferpuppen typische Gestalt der „freien Puppe“, bei der Gliedmaßen und Flügelanlagen locker dem Körper anliegen.

Messingkäfer

Kräuterdieb

Gewöhnlicher Speckkäfer

Großer Totenkäfer

Mehlkäfer Imago (links) und Larve (rechts)

Violetter Maiwurm

Meloe violaceus · Familie Ölkäfer

Körper weichhäutig, blauviolett; Flügel stark verkürzt, Hinterleib besonders beim ♀ (gr. Bild) stark angeschwollen.

KL 10–32 mm. Apr–Jun

Vorkommen Vor allem in lichten Wäldern; selten.

Wissenswert! Der V. M. kriecht träge umher und ernährt sich von Pflanzen. Das Weibchen legt mehrere Tausend Eier im Erdboden ab. Die sehr beweglichen Junglarven steigen an Pflanzen empor und sammeln sich z. B. auf Blüten (kl. Bild). Von

dort lassen sie sich von einer Wildbiene ins Nest tragen. Hier häuten sie sich zu fast unbeweglichen Maden, die sich im Bienennest vom eingetragenen Pollen und Nektar ernähren. §

Spanische Fliege

Lytta vesicatoria · Familie Ölkäfer

Leuchtend metallisch grün gefärbter, ziemlich weicher Käfer; Hinterleibsspitze die Flügel ein wenig überragend.

KL 9–21 mm. Jun–Jul

Vorkommen An sehr warmen Orten im Gebüsch; in D selten, im Mittelmeergebiet häufiger.

Wissenswert! Der Käfer ernährt sich besonders von Eschenblättern. Seine Larve durchläuft eine ähnliche parasitische Entwicklung in Wildbienennestern wie die des Maiwurms. Wie die anderen Arten dieser Käferfamilie enthält die S. F. in ihrem Blut Cantharidin, ein starkes Gift. Früher wurden die Käfer in südlichen Ländern gesammelt und zu einem Aphrodisiakum oder zu einem tödlichen Gifttrunk verarbeitet. Merkwürdigerweise werden bestimmte Mücken- und Käferarten stark vom Blut dieser Tiere angezogen. Sie eilen sofort herbei, wenn ein Ölkäfer zertreten wurde, und laben sich am ausfließenden Saft. §

Wollkäfer

Lagria hirta · Familie Wollkäfer

Schwarz mit gelbbraunen Flügeldecken, am ganzen Körper lang abstehend behaart.

KL 7–10 mm. Mai–Aug

Vorkommen Auf Wiesen und Waldlichtungen fast überall ziemlich häufig.

Wissenswert! Der unscheinbare, durch seine Behaarung aber kaum verwechselbare Käfer ernährt sich von verschiedenen krautigen Pflanzen, seine am Boden lebende Larve frisst verrottende Pflanzenteile. Er gehört einer sehr artenarmen Familie an, die zusammen mit den Schwarzkäfern (⇨ S. 106) und den übrigen auf dieser Seite vorgestellten Arten zu den heteromeren Käfern zählt. Dabei handelt es sich um Käfer, deren vordere zwei Beinpaare 5, die hinteren dagegen nur 4 Fußglieder tragen. Viele Arten dieser Gruppe erinnern stark an Vertreter anderer Käferfamilien, z. B. Laufkäfer, Bockkäfer, Blattkäfer oder Rüsselkäfer und werden daher oft verwechselt.

Scharlachroter Feuerkäfer

Pyrochroa coccinea · Familie Feuerkäfer

Körper deutlich abgeflacht, Kopf schwarz, Halsschild und Flügeldecken leuchtend scharlachrot.

KL 14–18 mm. Jun–Jul

Vorkommen An Waldrändern und auf Waldlichtungen ziemlich häufig.

Wissenswert! Der markante Käfer ist im Sommer oft auf Doldenblüten zu beobachten. Seine stark abgeflachte Larve (kleines Bild) trägt an der Hinterleibsspitze 2 kräftige schwarze Dorne. Man findet sie regelmäßig unter der Rinde abgestor-

bener Bäume, wo sie sich räuberisch von anderen Insektenlarven ernährt. Bei Nahrungsmangel dezimieren sich die Tiere oft auch gegenseitig. Ihre Entwicklung erstreckt sich über 2–3 Jahre.

Violetter Maiwurm

Spanische Fliege

Wollkäfer

Scharlachroter Feuerkäfer

Feldmaikäfer

Melolontha melolontha · Familie Blatthornkäfer

Hinterleibsseiten mit dreieckigen, weißen Haarflecken; Fühler beim ♂ (beide Bilder) mit einem großen, stets 7-blättrigen Fächer, beim ♀ mit 6 kurzen Blättchen.

KL 20–30 mm; Halsschild meist schwarz, Flügeldecken braun, Hinterleibsspitze zu einem parallelseitigen, zungenförmigen Anhang ausgezogen. Mai–Jun

Vorkommen An Waldrändern und in offenem Gelände in manchen Jahren häufig.

Wissenswert! Die Larve, der Engerling, frisst an Pflanzenwurzeln und erweist sich bei Massenvermehrungen oft als Schädling an Kulturpflanzen. Da er 3–4 Jahre für seine Entwicklung benötigt, tritt die Art alle 3 oder 4 Jahre häufiger auf („Maikäferjahre"). Dann richten vielfach auch die ausgewachsenen Käfer Schäden durch Kahlfraß an Bäumen an. Nachdem der Käfer kurz nach dem zweiten Weltkrieg intensiv mit dem Insektenvernichtungsmittel DDT bekämpft wurde, gingen die Bestände stark zurück, gleichzeitig wurden aber auch ihre Feinde, z. B. die Fledermäuse, empfindlich geschädigt. Nach dem DDT-Verbot nahm die Bestandsdichte des Käfers zwar wieder zu, er trat aber nicht mehr im gleichen Maße schädigend in Erscheinung.

Ähnlich Der etwas seltenere **Waldmaikäfer** *Melolontha hippocastani* hat meist ein braunes Halsschild. Auch ein knopfartig erweiterter Fortsatz an der Hinterleibsspitze unterscheidet ihn vom Feldmaikäfer.

Walker

Polyphylla fullo · Familie Blatthornkäfer

Fühler des ♂ (großes Bild) am Ende mit aus 7 sehr langen Blättern zusammengesetztem Fächer, beim ♀ (kleines Bild) nur mit 5 ganz kurzen Blättchen.

KL 25–36 mm; Grundfärbung schwarz- oder rotbraun, Flügeldecken mit weißen Filzflecken. Jul–Aug

Vorkommen In lockeren, sandigen Kiefernwäldern und auf mit Kiefern bewachsenen Sanddünen; fast überall selten, im Mittelmeergebiet etwas häufiger.

Wissenswert! Der schöne und auffallende Käfer wird auch dort, wo er zahlreich vorkommt, wegen seiner überwiegend nächtlichen Lebensweise selten beobachtet. Das Männchen trägt seine riesigen Fühlerblätter immer dicht übereinander liegend und spreizt sie nicht wie etwa ein Maikäfer fächerartig auseinander. Da in den Fühlern der Geruchssinn lokalisiert ist, dürften diese überdimensionierten Organe ein Auffinden der Weibchen erleichtern. Die Larve entwickelt sich an Graswurzeln. Der Käfer verlässt seinen Entwicklungsort über eine fingerdicke, selbst gegrabene Röhre. Er sitzt in der späten Abenddämmerung in deren Mündung und beginnt zu „pumpen", um die Flugmuskulatur auf die nötige „Betriebstemperatur" zu bringen. Dabei gibt er ein deutlich wahrnehmbares, pfeifendes Geräusch von sich und startet schließlich mit lautem Brummton in die Wipfel der benachbarten Kiefern. Er ernährt sich ausschließlich von Kiefernnadeln, und nur die Weibchen kehren später noch zur Eiablage zum Erdboden zurück. Ansonsten entziehen sie sich wie die Männchen weitgehend der Beobachtung. Gelegentlich umkreisen sie aber künstliche Lichtquellen, z. B. Straßenlampen. §

Feldmaikäfer

Walker

Junikäfer

Amphimallon solstitiale · Fam. Blatthornk.

Färbung gelbbraun, am ganzen Körper im gleichen Farbton behaart.

KL 14–18 mm. Jun–Jul

Vorkommen An Waldrändern, in Gärten und Parkanlagen ziemlich häufig.

Wissenswert! Der J. fliegt in der Abenddämmerung und kann dichte Schwärme bilden. Die dem Engerling des Maikäfers ähnlichen Larven entwickeln sich an Pflanzenwurzeln und können z. B. an Zierrasen Schäden anrichten. Die Entwicklung der Larven dauert 2–3 Jahre.

Ähnlich Beim **Schwarzbraunen Brachkäfer** *Amphimallon atrum* ist das Weibchen gelbbraun, das Männchen (Bild) schwarzbraun gefärbt. Diese seltene Art lebt auf Trockenrasen und schwärmt nur vormittags. §

Gartenlaubkäfer

Phyllopertha horticola · Fam. Blatthornkäfer

Körper dicht behaart, schwarz mit grünem Metallglanz, Flügeldecken rotbraun.

KL 8–12 mm. Jun–Jul

Vorkommen An Waldrändern, auf Wiesen und in Gärten überall häufig.

Wissenswert! Der G. ist oft scharenweise auf blühenden Pflanzen (besonders Rosen) anzutreffen, bei denen er die Staubgefäße benagt. Die bis 3 cm lange Larve entwickelt sich in 1–2 Jahren unterirdisch an Pflanzenwurzeln.

Ähnlich Der **Mehlige Laubkäfer** *Hoplia argentea* ist ebenfalls schwarzgrün mit braunen Flügeldecken. Sein ganzer Körper ist aber mit hellgrünen Schuppen bedeckt, die sich im Lauf der Zeit teilweise abreiben.

Rosenkäfer

Cetonia aurata · Familie Blatthornkäfer

Ganzer Käfer leuchtend goldgrün, Flügeldecken mit einem feinen Muster weißer Querlinien.

KL 14–20 mm. Mai–Okt

Vorkommen An sonnigen Waldrändern und auf Trockenwiesen in den meisten Gegenden nicht selten; tritt auch in Gärten auf.

Wissenswert! Der auffallende Käfer ist vor allem in den warmen Mittagsstunden regelmäßig auf blühenden Sträuchern, insbesondere auf Rosen, anzutreffen. Er kann sehr gut fliegen, klappt dabei aber im Gegensatz zu fast allen übrigen Käfern die Flügeldecken nicht auseinander. Diese zeigen an ihrem Außenrand eine schmale Aussparung, durch welche die häutigen Hinterflügel herausgeschoben werden können. Auf diese Weise ist der Käfer offenbar besonders schnell startklar, denn er fliegt bei Störungen meist viel plötzlicher davon als andere Käfer.

Seine recht plumpe Larve (linkes kleines Bild) entwickelt sich in morschem Holz oder im Erdboden an zerfallenden Pflanzenresten. Regelmäßig findet man sie auch in Komposthaufen. Sie bewegt sich normalerweise nicht mit ihren kurzen Beinen vorwärts, sondern dreht sich auf den Rücken und kriecht wie ein Regenwurm, indem sie die einzelnen Körperringe nacheinander zusammenzieht und wieder streckt. Zum Ende ihrer Entwicklung fertigt sie aus Bodenteilen einen hartschaligen, innen mit einem Sekret geglätteten Kokon, in dem die Verwandlung zur Puppe (rechtes kl. Bild) stattfindet. Meist überwintert der bereits geschlüpfte Käfer auch in diesem Kokon. §

Junikäfer

Gartenlaubkäfer

Rosenkäfer

Nashornkäfer

Oryctes nasicornis · Familie Blatthornkäfer

Färbung glänzend rotbraun bis dunkelbraun, ♂ (Bild) mit langem, gebogenem Horn auf dem Kopf und kräftigem Quergrat hinten auf dem Halsschild.

♀ mit kleinem Kopfhöcker und einer Mulde im vorderen Teil des Halsschilds. KL 20–40 mm. Jun–Aug

Vorkommen Bei uns vorwiegend in Gärten und Parkanlagen oder in Sägewerken; ziemlich selten; in S-EU unter anderem in lichten Wäldern, hier gebietsweise recht häufig.

Wissenswert! Der imposante Käfer gehört als einzige heimische Art in die heute vielfach als eigene Familie betrachtete Unterfamilie der Riesenkäfer *Dynastinae*, deren Männchen oft abenteuerliche Auswüchse an Kopf und Halsschild tragen. Die Länge der Auswüchse unterliegt beim N. starken individuellen Schwankungen; dabei weisen die größten Exemplare nicht nur die absolut, sondern auch im Verhältnis zur Körpergröße längsten Kopfhörner auf. Sehr kleine Männchen haben wie die Weibchen oft nur winzige Höcker und sind dann kaum von weiblichen Tieren zu unterscheiden.

Die bis über 10 cm lange Larve (kleines Bild) wächst in 3–5 Jahren meist in Sägemehl- oder Komposthaufen heran, wo durch Gärprozesse die für ihre Entwicklung nötige Wärme entsteht. Sie verpuppt sich in einer mit Sekret verfestigten Erdkapsel, die in Form und Größe etwa einem Hühnerei entspricht.

Der vorwiegend nachtaktive Käfer wird oft von Straßenlampen und anderen Lichtquellen angezogen und umschwirrt diese dann mit lautem Brummton. Nicht selten

stößt er dabei gegen ein Hindernis, stürzt zu Boden, fällt auf den Rücken und kommt nur schwer wieder auf die Beine. §

Waldmistkäfer

Anoplotrupes stercorosus · Familie Blatthornkäfer

Kurz und breit gebauter Blatthornkäfer mit hoch gewölbtem Körper, schwarz gefärbt mit leicht blauem Glanz, Flügeldecken mit Längsfurchen.

KL 12–19 mm. Sep–Jul

Vorkommen In Wäldern und an Waldrändern überall häufig.

Wissenswert! Die überwiegend tagaktiven Käfer leben zur Fortpflanzungszeit (im Frühjahr und Sommer) in Einehe. Sie spüren nach der vom Wind verbreiteten Duftfahne einen Kothaufen (neben Tierkot mit besonderer Vorliebe auch Menschenkot) auf und beginnen in gemeinsamer Arbeit dicht daneben einen Stollen ins Erdreich zu graben. Es entsteht ein schräger Hauptstollen von etwa 10 cm Tiefe, von dem eine Reihe von Seitengängen abzweigen. Diese werde auf jeweils etwa 10 cm Länge mit Kot vollgestopft und mit je 1 Ei belegt. Die daraus schlüpfenden Larven fressen von dem Kotvorrat. Im Herbst arbeiten sich die Jungkäfer zur Bodenoberfläche empor, wo sie sich von Kot, aber auch von faulenden Pilzen oder Tierleichen ernähren. Sie legen sich, ohne dabei mit einem Partner zu kooperieren, kurze Nahrungsröhren an, in denen sie jeweils für einige Tage Proviant deponieren. Erst nach der Überwinterung werden sie geschlechtsreif.

Ähnlich ist der **Stierkäfer** *Typhaeus typhoeus*, vor allem das Weibchen, während das Männchen (Bild unten) auf dem Halsschild 3 nach vorn gerichtete Hörner trägt. Er kommt nur in Sandgebieten vor und gräbt bis zu 1,50 m tiefe Brutstollen, die er vorzugsweise mit Kaninchen- und Schafdung bestückt. Der Käfer ist nicht selten bereits an milden Wintertagen zu beobachten. §

Nashornkäfer Männchen mit Kopfhorn

Waldmistkäfer

Hirschkäfer

Lucanus cervus · Familie Hirschkäfer

Mit 25–75 mm Körperlänge der größte heimische Käfer; schwarz mit rotbraunen Flügeldecken, Fühler gekniet, letzte Glieder zu einem Fächer erweitert.

♂ (großes Bild) mit geweihförmig vergrößerten, ♀ (kleines Bild) mit normalen Oberkiefern. Mai–Aug

Vorkommen In Eichenwäldern und Parkanlagen; heute fast überall selten geworden.

Wissenswert! Vor allem die Männchen dieses Käfers beeindrucken durch ihre Größe und die zu mächtigen Zangen entwickelten Oberkiefer. Diese werden als Waffen im Kampf um die Weibchen verwendet, taugen aber nicht mehr zur Nahrungsaufnahme. Die Käfer ernähren sich von austretenden Baumsäften, die mit den pinselförmig umgebildeten übrigen Mundteilen aufgeleckt werden. Nur die Weibchen können ihre Kiefer noch dazu verwenden, etwa Wunden an Baumstämmen zu vergrößern, um so den Saftfluss zu verbessern. Nicht selten gesellen sich sofort Männchen zu ihnen, um an der nun reicher sprudelnden Quelle teilzuhaben.

Das Weibchen gräbt sich nach der Paarung in den Boden ein und legt seine Eier an die Wurzeln morscher Eichen, seltener auch anderer Laubbäume. Die Larvenentwicklung dauert 5–8 Jahre, wobei die engerlingsähnliche Larve eine Länge von 12 cm erreichen kann. Sie verpuppt sich in einer bis zu faustgroßen Höhlung im Erdreich. In S-EU entstehen in einer wesentlich kürzeren Entwicklungszeit deutlich kleinere Käfer als in M.-EU. §

Balkenschröter

Dorcus parallelipipedus · Familie Hirschkäfer

Färbung tiefschwarz, Kopf beim ♂ (großes Bild) kaum schmäler als das Halsschild, mit großen Oberkiefern.

Beim ♀ Kopf schmäler und mit kleineren Kiefern. KL 19–32 mm. Mai–Aug

Vorkommen In etwas feuchten Laubwäldern z. T. nicht selten.

Wissenswert! Die bis zu 6 cm lange Larve (kleines Bild) entwickelt sich in weißfaulem, morschem Holz verschiedener Laubbäume, vor allem von Buchen, Eichen, Birken und Obstbäumen. Wie alle Hirschkäferlarven besitzt sie ein Stridulationsorgan, mit dem sie zirpende Töne erzeugen kann. Es setzt sich aus einer Reibplatte an der Rückseite des Hüftglieds vom Mittelbein und einer gezähnten Leiste vorn am Schenkelring des Hinterbeins zusammen. §

Rehschröter

Platycerus caraboides · Familie Hirschkäfer

An einen Laufkäfer erinnernd, doch an der typischen Fühlerform gut als Hirschkäfer zu erkennen.

KL 9–13 mm; metallisch grün oder blau, Fühlerfächer 4-gliedrig. Mai–Jul

Vorkommen Vor allem in Laubwäldern, in den meisten Gegenden nicht selten.

Wissenswert! Die Larve entwickelt sich in morschem Holz, z. B. in Stümpfen oder am Boden liegenden Ästen von Laubbäumen, seltener auch von Nadelbäumen. §

Ähnlich Der seltene, vor allem als Weibchen (Bild) ähnliche **Rindenschröter** *Ceruchus chrysomelinus* hat einen nur 3-gliedrigen Fühlerfächer. Das Männchen besitzt stark vergrößerte Kiefer. §

Hirschkäfer Männchen mit geweihförmigen Kiefern

Balkenschröter Kopf des Männchens sehr breit

Rehschröter

Mulmbock

Ergates faber · Familie Bockkäfer

Mit 25–60 mm Körperlänge der größte heimische Bockkäfer; dunkelbraun.

Halsschild seitlich mit mehreren Zähnchen, Fühler beim ♂ mehr als körperlang, beim ♀ (Bild) etwa bis zur Flügelmitte reichend. Jul–Sep

Vorkommen In Kiefernwäldern, meist an etwas offenen Stellen; überall selten, nur im östlichen M.-EU häufiger.

Wissenswert! Der dämmerungs- und nachtaktive Käfer hält sich tagsüber meist in den Fraßgängen seiner Larven verborgen. Diese entwickeln sich vorzugsweise in kräftigen, schon etwas verwitterten Kiefernstümpfen, manchmal auch in Fichten, niemals jedoch in lebenden Bäumen. Man erkennt die Brutstätten dieses Käfers leicht an den etwa daumendicken, senkrecht-ovalen Schlupflöchern. Die Entwicklung der bis zu 10 cm langen Larven dauert mehrere Jahre. Die Puppe ruht am Ende des Fraßgangs nahe der Holzoberfläche. §

Alpenbock

Rosalia alpina · Familie Bockkäfer

Mit blaugrauem bis hellblauem Haarfilz, der auf den Flügeldecken schwarze Flächen freilässt.

KL 15–38 mm; Fühler beim ♂ (großes Bild) fast doppelt körperlang, beim ♀ (kleines Bild) körperlang. Jul–Sep

Vorkommen In Bergwäldern der Alpen und der Schwäbischen Alb; sehr selten.

Wissenswert! Die Larve entwickelt sich vorwiegend in Buchenholz. Das Weibchen legt seine Eier gern in liegende Stämme. Wegen der mehrjährigen Entwicklung haben die Larven dort aber kaum Überlebenschancen. §

Heldbock

Cerambyx cerdo · Familie Bockkäfer

Schwarzbraun mit helleren Spitzen der Flügeldecken; Halsschild stark runzelig skulpturiert, seitlich mit spitzem Dorn; Körper nach hinten deutlich verschmälert.

KL 24–53 mm; Fühler beim ♂ (Bild) deutlich mehr als körperlang, beim ♀ etwa körperlang. Mai–Aug

Vorkommen In Wäldern und Parkanlagen mit alten Eichen, besonders in Auwäldern, überall in der letzten Zeit sehr selten geworden.

Wissenswert! Dieser imposante Käfer gehört zu den eindrucksvollsten heimischen Käfergestalten. Er hält sich tagsüber meist in den Gängen seiner Larven verborgen und verlässt diese erst in der späten Dämmerung. Zur Nahrungsaufnahme sucht er vorzugsweise blutende Eichenstämme auf, deren Saft er aufleckt.

Die Larven entwickeln sich in den Stämmen starker, alter Eichen, deren Holz sie durch ihre Fraßgänge weitgehend unbrauchbar machen. Die befallenen Eichen sterben aber nicht gleich ab, sondern sind über Jahrzehnte als „Heldbockeichen" gezeichnet. Da sie vom Käfer immer wieder benutzt werden, entstehen z. T. völlig durchlöcherte Baumveteranen. §

Ähnlich Der deutlich kleinere (17–28 mm) **Buchenspießbock** *Cerambyx scopolii* ist schwarz gefärbt, ansonsten aber sozusagen der kleinere Doppelgänger des Heldbocks. Er entwickelt sich in verschiedenen Laubbäumen und ist gebietsweise häufig. §

Mulmbock

Alpenbock

Heldbock Fühler beim Männchen fast doppelt so lang wie der Körper

Moschusbock

Aromia moschata · Familie Bockkäfer

Grundfärbung grün, blau oder kupfern metallisch, Halsschild mit Höckern und jederseits einem spitzen Dorn.

KL 13–35 mm. Jun–Aug

Vorkommen In Feuchtgebieten, aber auch an Trockenstandorten mit alten Weiden; früher ziemlich häufig, inzwischen vielerorts selten.

Wissenswert! Der schöne Käfer ist manchmal in größerer Anzahl an seinen Brutbäumen, vor allem alten Kopfweiden, zu finden. Gelegentlich besucht er auch Doldenblüten. Aus Drüsen im Bereich der Hinterbrust kann er ein nach Moschus riechendes Sekret absondern.

Die Larven leben im Stamm oder in den Ästen meist älterer Weiden, ausnahmsweise auch von Pappeln oder Erlen. Sie benötigen mehrere Jahre für ihre Entwicklung. Da die Art meist lebendes Holz befällt, galt sie früher als Schädling. Angesichts ihrer Seltenheit ist der Schaden allerdings gering. **§**

Hausbock

Hylotrupes bajulus · Familie Bockkäfer

Oberseite dunkelbraun mit grauer Behaarung, die auf den Flügeldecken 2 (oft undeutliche) Querbinden bildet.

KL 8–22 mm. Jun–Jul

Vorkommen In Nadelwäldern nicht selten, inzwischen aber viel häufiger im Gebälk von Häusern.

Wissenswert! Der H. ist der wirtschaftlich bedeutendste Schädling unter den Bockkäfern. Seine Larve entwickelt sich in totem, trockenem Nadelholz, vor allem in solchem, das bereits verarbeitet ist, z. B. im Dachstuhl von Häusern. Sie stellt im Lauf ihrer Entwicklung dicht unter der Holzoberfläche einen langen, gewundenen Gang her, über dem eine oft nur papierdünne Holzschicht unangetastet bleibt. Die geschlüpften, völlig unauffälligen Käfer werden im Haus meist nicht besonders registriert und können sich dann oft unerkannt weiter vermehren, bis eines Tages der Dachstuhl zusammenbricht.

Schrot-Zangenbock

Rhagium mordax · Familie Bockkäfer

Flügeldecken jeweils mit schwärzlichem Fleck, davor und dahinter eine undeutliche gelbe Querbinde.

KL 13–22 mm; Halsschild beidseits mit spitzem Seitendorn, Fühler ziemlich kurz. Mai–Aug

Vorkommen An Waldrändern und Lichtungen fast überall ziemlich häufig.

Wissenswert! Die Larve entwickelt sich unmittelbar unter der Rinde abgestorbener Bäume, vorwiegend an Laub-, seltener auch an Nadelbäumen. Am Ende der zweijährigen Entwicklung verpuppt sie sich in einer geräumigen Puppenkammer, die ringsum von länglichen Nagespänen umgeben ist und an ein Vogelnest erinnert

(kleines Bild). Der fertig entwickelte Käfer schlüpft noch im Herbst und überwintert zunächst einmal in dieser Kammer.

Kleiner Kurzdeckenbock

Molorchus minor · Familie Bockkäfer

Flügeldecken stark verkürzt, braun mit weißlichem, kommaförmigem Streifen, Hinterflügel weitgehend freiliegend.

KL 6–16 mm; Schenkel deutlich keulenförmig verdickt; Fühler beim ♂ (Bild) viel länger, beim ♀ nur ein wenig länger als der Körper. Mai–Jul

Vorkommen Auf Waldlichtungen, an Waldwegen und Waldrändern nicht selten.

Wissenswert! Die Larve entwickelt sich in totem Nadelholz, meist in dürren Ästen oder im Stamm abgestorbener Jungpflanzen. Sie stellt ihren Fraßgang dicht unter der Rinde her, bohrt sich zur Verpuppung aber tiefer ins Holz hinein.

Ähnlich Der sehr seltene **Große Wespenbock** *Necydalis major* besitzt ebenfalls stark verkürzte Flügeldecken, jedoch ohne weiße Zeichnung. Außerdem wird er deutlich größer (bis 32 mm). **§**

Moschusbock

Hausbock

Schrot-Zangenbock

Kleiner Kurzdeckenbock

Kleiner Schmalbock

Stenurella melanura · Familie Bockkäfer

Flügeldecken beim ♂ gelbbraun mit schwarzem Mittelstreifen und schwarzer Spitze, beim ♀ rot.

KL 6–9 mm; auffallend schmal. Mai–Sep
Vorkommen An Waldrändern und auf Waldlichtungen fast überall recht häufig.
Wissenswert! Dieser kleine, unverwechselbare Käfer ist oft auf blühenden Pflanzen, z. B. Doldengewächsen oder Brombeersträuchern, zu finden. Seine Larve entwickelt sich meist in dürren, am Boden liegenden Zweigen von Laub- oder Nadelbäumen. Die Entwicklung dauert 2 Jahre.

Gefleckter Schmalbock

Rutpela maculata · Familie Bockkäfer

Flügeldecken gelb, vorn mit schwarzen Flecken, dahinter mit schwarzen Querbinden. Fühler anders als bei allen übrigen Schmalböcken gelb geringelt.

KL 14–20 mm; sehr schmal. Mai–Aug
Vorkommen Auf Waldlichtungen und an Waldrändern fast überall häufig; einer der häufigsten Bockkäfer.
Wissenswert! Der Käfer besucht regelmäßig blühende Sträucher und Doldenblüten. Die Larve entwickelt sich in morschen Baumstümpfen, vorzugsweise von Laubbäumen, seltener auch von Nadelbäumen.

Gewöhnlicher Widderbock

Clytus arietis · Familie Bockkäfer

Im vorderen Teil der Flügeldecken jederseits ein nach Art eines Widderhorns gebogener Streifen.

KL 7–14 mm; Färbung schwarz mit gelber Bindenzeichnung, Fühler mit dunklen, etwas verdickten Spitzen. Mai–Jul
Vorkommen An Waldwegen und Waldrändern meist häufig.
Wissenswert! Der recht scheue Käfer ist oft auf Totholz oder blühenden Pflanzen zu finden. Seine Larve lebt meist in abgestorbenen Buchenzweigen. Die Fühler des ähnlichen *Clytus rhamni* sind ganz braun.

Eichenwidderbock

Plagionotus arcuatus · Familie Bockkäfer

Gestalt kräftig, Beine und Fühler gelbrot, ansonsten am ganzen Körper leuchtend gelbe Bindenzeichnungen.

KL 8–20 mm. Mai–Jul
Vorkommen Vorwiegend an lichten Stellen in Eichenwäldern; meist nicht selten.
Wissenswert! Der ziemlich scheue Käfer besucht keine Blüten, sondern ist nur an seinen Brutbäumen zu beobachten. Er entwickelt sich fast nur in Eichenholz, besonders in liegenden, noch berindeten Stämmen. Bei der Eiablage wird das Weibchen vom Männchen begleitet (Bild).

Erdbock

Dorcadion fuliginator · Familie Bockkäfer

3 Farbformen: Flügeldecken einfarbig hellgrau, braun mit grauen Streifen (Bild) oder ganz schwarz.

KL 10–15 mm. Apr–Jun
Vorkommen Vor allem auf stark beweideten Trockenrasen; nur im südlichen D bis Thüringen; überall selten.
Wissenswert! Der flugunfähige E. hält sich stets am Boden auf. Seine Larve entwickelt sich an Graswurzeln. Die verschiedenen Färbungsformen können am gleichen Fundort nebeneinander auftreten, meist dominiert aber jeweils eine Form. §

Grüner Walzenhalsbock

Opsilia coerulescens · Familie Bockkäfer

Grün bis grau filzig behaart, Kopf und Halsschild oberseits mit 3 hellen Längsbinden gezeichnet.

KL 6–12 mm. Mai–Jul
Vorkommen Vor allem auf Trockenrasen und Schafweiden; im südlichen D gebietsweise ziemlich häufig, nach N hin deutlich seltener.
Wissenswert! Der recht scheue, flugtüchtige Käfer ist meist auf Raublattgewächsen zu finden. Die Larven leben bevorzugt in Wurzelstöcken und Stängeln von Natternkopf, Hundszunge und Steinsame. §

Kleiner Schmalbock Weibchen (oben) und Männchen (unten)

Gefleckter Schmalbock

Gewöhnlicher Widderbock

Eichenwidderbock

Erdbock

Grüner Walzenhalsbock

Kleiner Pappelbock

Saperda populnea · Familie Bockkäfer

Flügeldecken fein gelb und grau gefleckt, außerdem jeweils mit 4–5 etwas größeren, in einer gebogenen Längsreihe angeordneten gelblichen Flecken.

KL 9–15 mm; Kopf und Halsschild mit gelblichen Längsbinden. Mai–Jun

Vorkommen An Waldrändern und Waldwegen allgemein verbreitet.

Wissenswert! Der Käfer zeigt ein höchst bemerkenswertes Verhalten bei der Eiablage. Das Weibchen nagt zunächst eine bogenförmige Schnittfigur in Form eines halben Hufeisens sowie einige Querfurchen in den Zweig einer Zitterpappel, seltener einer anderen Pappel- oder Weidenart. Dann stellt es spiegelbildlich hierzu den zweiten Schenkel des Hufeisens und weitere Querfurchen, am Ende schließlich ein tieferes Loch am Treffpunkt der beiden Hufeisen-Schenkel her (linkes großes Bild). Durch dieses Loch schiebt es seine Legeröhre unter die Rinde, um dort ein Ei abzulegen (rechtes großes Bild). Die Schnittfigur führt zur Bildung von Wundkallus, der der Larve als erste Nahrung dient. Später bohrt sich die Larve tiefer in das Holz hinein; ihre Fraßtätigkeit führt zur knotenförmigen Anschwellung des Zweiges (kleines Bild). Da die Larvenentwicklung meist zweijährig ist, erscheint der Käfer an seinen Fundorten alle 2 Jahre häufiger.

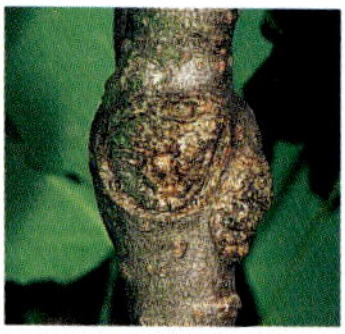

Ähnlich Beim deutlich größeren (20–30 mm) und selteneren **Großen Pappelbock** *Saperda carcharias* ist die gesamte Oberseite hell-dunkel gesprenkelt.

Rothalsiger Linienbock

Oberea oculata · Familie Bockkäfer

Körper auffallend schmal, Fühler, Kopf und Flügeldecken grau, übriger Körper mit Beinen und Halsschild rot, Letzteres mit 2 auffallenden schwarzen Punkten.

KL 15–21 mm. Jun–Sep

Vorkommen An Waldrändern und Waldwegen weit verbreitet, doch nicht häufig.

Wissenswert! Bei der Eiablage zeigt das Weibchen ein ähnliches Verhalten wie das des Kleinen Pappelbocks: Es nagt in Weidenzweige 2 parallele Reihen regelmäßiger Querfurchen, die voneinander durch einen knapp 0,5 mm breiten Streifen unverletzter Rinde getrennt sind, sowie darunter ein Loch, durch das es die Legeröhre unter die Rinde schiebt. Durch das Nagen bildet sich Wundkallus, der später die Rinde beiderseits der Querfurchenreihen bis hin zum Eiloch aufreißen lässt. Schließlich entsteht eine ganz ähnliche, hufeisenförmige Wundfigur wie beim Kleinen Pappelbock. Das Wundgewebe dient der Larve als Erstlingsnahrung. Schon wenige Tage nach dem Schlupf arbeitet sich die Larve weiter ins Holz des Zweiges vor und frisst dann im Lauf ihrer zweijährigen Entwicklung einen etwa 50 cm langen Gang in Richtung Stamm. Von Zeit zu Zeit stellt sie zur Oberfläche führende Abzweigungen her, durch die sie das anfallende Bohrmehl auswirft. Am Schluss erweitert sie den Gang zur Puppenwiege und nagt von dort ein Schlupfloch, das sie aber wieder mit Spänen verstopft.

Ähnlich Der seltene **Schwarzfüßige Walzenhalsbock** *Phytoecia affinis* besitzt exakt das gleiche Färbungsmuster, nur sind bei ihm die Fußglieder dunkel und die Körperform ist deutlich breiter. §

Kleiner Pappelbock

Rothalsiger Linienbock

Kartoffelkäfer

Leptinotarsa decemlineata · Familie Blattkäfer

Kopf und Halsschild orange mit schwarzen Flecken, Flügeldecken gelb mit schwarzen Längsbinden.

KL 7–11 mm. Ganzjährig.

Vorkommen Auf Ackerland und in Gärten zeitweise sehr häufig.

Wissenswert! Der K. ist ein gefürchteter Schädling im Kartoffelanbau. Ursprünglich war er in den amerikanischen Rocky Mountains heimisch, wo er an einem Nachtschattengewächs lebte. Erst mit dem aufkommenden Kartoffelanbau entdeckte er diese Nutzpflanze für sich und breitete sich schnell über den ganzen nordamerikanischen Kontinent aus. Ab 1877 trat er dann auch in M.-EU auf, konnte sich hier aber zunächst aufgrund intensiver Bekämpfungsmaßnahmen nicht recht ausbreiten. Erst in den 30er-Jahren des 20. Jh. begann er bei uns seinen Siegeszug, kurz nach dem 2. Weltkrieg war er bis ins östlichste Deutschland vorgedrungen. Die schnelle Ausbreitung erklärt sich mit dem Fehlen natürlicher Feinde. Als solche wären z. B. spezielle Schlupfwespen oder parasitische Fliegen vorstellbar, die den Käfer normalerweise dezimieren würden, aber den Sprung über den Atlantik nicht mitvollzogen haben. Mittlerweile haben aber einige bei uns heimische Tierarten, z. B. verschiedene Laufkäfer und Heuschrecken, die für fast alle sonstigen Räuber ungenießbaren Larven auf ihren Speiseplan gesetzt.

Der K. erscheint jährlich in 1–2 Generationen. Jedes Weibchen legt etwa 500–2500 leuchtend gelbe Eier, verteilt auf mehrere Gelege (kleines Bild) an den Blattunterseiten der Kartoffelpflanze ab. Die rötlichen Larven (rechtes großes Bild) fressen die Kar-

toffelblätter. Bei massivem Befall können sie gemeinsam mit den ausgewachsenen Käfern ganze Äcker kahl fressen.

Pappelblattkäfer

Chrysomela populi · Familie Blattkäfer

Schwarz mit grünem Metallglanz, Flügeldecken leuchtend rot, ihre Spitzen am Nahtwinkel schwarz.

KL 10–12 mm. Ganzjährig.

Vorkommen An Wald- und Wegrändern überall häufig.

Wissenswert! Das Weibchen heftet seine gelben Eier an die Unterseite von Pappel- oder Weidenblättern. Die Larven sind weißlich gelb mit schwarzen, knopfartigen Warzen. Sie sondern bei Störung ein nach Karbol riechendes Sekret ab. Die Verpuppung findet unter einem Blatt der Futterpflanze statt. Dabei bleibt die Puppe mit ihrem Hinterende in der alten Larvenhaut. Pro Jahr treten 2 Generationen auf.

Ähnlich Die beiden etwas selteneren Arten *Chrysomela saliceti* und *Ch. tremulae* sind sehr ähnlich gefärbt; bei ihnen sind aber die Flügeldecken bis zur Spitze rot.

Schildkäfer

Cassida rubiginosa · Familie Blattkäfer

Halsschild und Flügeldecken zu einem flachen Schild verbreitert, unter dem der Körper weitgehend verborgen bleibt.

KL 6–8 mm; Grün mit unscharf begrenzten bräunlichen Flecken um das Schildchen. Jun–Aug

Vorkommen Auf Wiesen und an Wegrändern ziemlich häufig, besonders an etwas feuchten Stellen.

Wissenswert! Der Käfer lebt vor allem auf Disteln, auf denen er hervorragend getarnt ist. Zur Fortbewegung schiebt er Beine und Fühler unter dem Schild hervor, bei Gefahr zieht er sie aber sofort wieder zurück. Seine bestachelte hellgrüne Lar-

ve (kleines Bild) stellt sich aus Häutungsresten und Kotpartikeln eine „Tarnkappe" her, die sie ständig mit sich umherträgt.

Kartoffelkäfer Imago (links) und Larve (rechts)

Pappelblattkäfer bei der Paarung

Schildkäfer

Tatzenkäfer

Timarcha tenebricosa · Familie Blattkäfer

Mit 15–20 mm Körperlänge der größte heimische Blattkäfer; schwarz mit bläulichem Schimmer.

Fußglieder auffallend verdickt. Mär–Jul
Vorkommen Vor allem auf Trockenrasen; im südlichen und mittleren D nicht selten.
Wissenswert! Der plumpe, flugunfähige Käfer erscheint oft bereits an den ersten warmen Vorfrühlingstagen. Bei Störungen, etwa bei Berührung, würgt er zur Abwehr einen orangeroten, giftigen Flüssigkeitstropfen hervor. Das Weibchen legt im Sommer die Eier an Labkraut ab. Die Larven schlüpfen erst im darauf folgenden Frühjahr. Sie sind auffallend groß (bis etwa 20 mm) und plump (kleines Bild). Bevor sie sich im Boden verpuppen, scheinen sie ein weiteres Mal zu überwintern. §

Fallkäfer

Cryptocephalus sp. · Familie Blattkäfer

Stark goldgrün glänzend, Gestalt durch den unter das Halsschild zurückgezogenen Kopf buckelig wirkend.

KL 4–6 mm. Mai–Aug. Viele ähnliche Arten, einige auch mit gelben oder roten Flügeldecken.
Vorkommen Auf Trockenwiesen und an Wegrändern ziemlich häufig.
Wissenswert! Die Käfer sind oft auf gelben Korbblütlern anzutreffen. Schon bei leichter Erschütterung lassen sie sich fallen und sind dann im Gras nicht mehr zu finden. Das Weibchen umhüllt die Eier bei der Ablage mit kleinen Kotblättchen. Die Larve fertigt aus diesem Kot ein festes Gehäuse, das sie später durch eigene Kotpartikel weiter vergrößert (kleines Bild). Sie ernährt sich von welkenden Pflanzenteilen.

Ameisen-Sackkäfer

Clytra laeviuscula · Familie Blattkäfer

Körper glänzend schwarz, Flügeldecken gelbrot mit schwarzem Punkt und breiter, in der Mitte unterbrochener Querbinde.

KL 7–11 mm. Mai–Aug
Vorkommen An Waldrändern und auf Trockenrasen nicht selten.
Wissenswert! Das Weibchen verpackt seine Eier einzeln in ein tannenzapfenartiges Gebilde aus Kotschüppchen (großes Bild) und lässt dieses in der Nähe eines Ameisennests fallen. Die Ameisen halten es offenbar für geeignetes Baumaterial und tragen es zum Nest. Die Larve baut aus diesen Kotpartikeln ein festes Gehäuse (kleines Bild) und ernährt sich von der Ameisenbrut. Bei Gefahr zieht sie sich in ihr Gehäuse zurück und verschließt es durch ihre gepanzerte Kopfkapsel.

Schilfkäfer

Donacia sp. · Familie Blattkäfer

Sehr schmaler, grün oder kupfern glänzender Blattkäfer.

KL 7–12 mm. Mai–Jul. Zahlreiche schwer unterscheidbare Arten.
Vorkommen An Gewässerufern häufig.
Wissenswert! Die an Bockkäfer erinnernden Tiere sieht man oft scharenweise auf Uferpflanzen. Ihre Larven entwickeln sich unter Wasser im Innern von Pflanzenstängeln. Die einzelnen Arten der Gattung sind auf bestimmte Pflanzen spezialisiert, etwa auf Seerosen, Laichkraut oder Rohrkolben. Zur Sauerstoffversorgung zapfen sie die Luftkanäle in den Pflanzen an.

Ähnlich Der auf Seerosenblättern häufige, ebenfalls ziemlich schlanke **Seerosen-Blattkäfer** *Galerucella nymphaeae* ist gelbbraun und grau gefärbt.

Tatzenkäfer

Fallkäfer

Ameisen-Sackkäfer Weibchen bei der Eiablage

Schilfkäfer

Buchdrucker

Ips typographus · Familie Borkenkäfer

Dunkelbraun und deutlich behaart, Körperform zylindrisch, Kopf schräg nach unten gerichtet, am Hinterende eine schräg abgestutzte, von 8 Zähnen begrenzte Fläche.

KL 4–5 mm. Mai–Jul

Vorkommen In Fichtenwäldern mit kränkelnden Bäumen meist häufig.

Wissenswert! Der B. brütet so gut wie ausschließlich in bereits stark geschädigten oder schon abgestorbenen Fichten, seltener auch in Kiefern. Das Männchen nagt sich im Frühjahr durch die Rinde hindurch und stellt darunter einen kurzen Gang her, der sich am Ende zur geräumigen „Rammelkammer" erweitert. Anschließend lockt es durch Absonderung besonderer Duftstoffe (Pheromone) 1–3 Weibchen herbei, mit denen es sich in der Rammelkammer paart. Danach nagt jedes Weibchen von der Rammelkammer aus einen bis zu 15 cm langen Muttergang, nach Möglichkeit in Faserrichtung des Holzes. Bei 2 Weibchen kommt es daher zu 2 entgegengesetzten, bei 3 zu etwa Y-förmig angeordneten Muttergängen. Jeder Muttergang hat 2–4 „Luftlöcher", durch die das anfallende Bohrmehl ausgeworfen wird. Jedes Weibchen legt über seinen Muttergang verteilt 30–60 Eier einzeln in Nischen ab. Die Larven fressen sich, von ihren Einischen ausgehend, durch die Bastschicht und vermeiden dabei, die Gänge der benachbarten Larven zu berühren (rechtes kleines Bild). Auf diese Weise entsteht schließlich das ornamentale, für den Baum aber bei stärkerem Befall meist tödliche Fraßbild (linkes kleines und rechtes großes Bild).

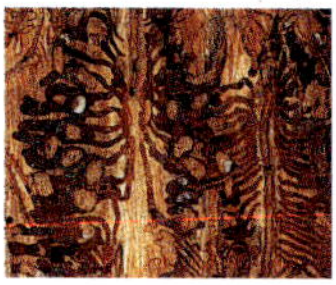

Kupferstecher

Pityogenes chalcographus · Fam. Borkenkäfer

Käfer (kleines Bild) etwas schlanker als der Buchdrucker, an der Stutzfläche jederseits mit 3 Zähnen. KL um 2 mm.

Vorkommen In nicht mehr gesunden Fichtenwäldern fast überall häufig.

Wissenswert! Der K. brütet mehr im Wipfelbereich und in den Ästen von kränkelnden Fichten; daher fällt ein Befall weniger stark auf. Das Männchen lockt nach Herstellung der Rammelkammer 3–6 Weibchen herbei. Diese legen anschließend ihre etwa 6 cm langen Muttergänge sternförmig in alle Richtungen an. Daher erscheint auch das Fraßbild sternförmig (großes Bild). Die Art entwickelt 2 Generationen im Jahr. Die erste Generation schwärmt im Jul/Aug; ihre Nachkommen überwintern, um dann im Apr auszufliegen.

Birkensplintkäfer

Scolytus ratzeburgi · Familie Borkenkäfer

Mit 4–7 mm Körperlänge ein auffallend großer Borkenkäfer, Färbung dunkelbraun, Hinterende nicht abgestutzt.

Mai–Jul

Vorkommen An Wald- und Wegrändern mit Birken meist häufig.

Wissenswert! Der Käfer befällt meist kränkelnde Birken, geht aber bei starker Vermehrung auch an gesunde Bäume. Ein Befall zeigt sich zunächst durch eine 5–15 cm lange, senkrechte Reihe regelmäßig angeordneter Luftlöcher. Unter ihnen verbirgt sich der Muttergang, von dem aus zahlreiche Larvengänge zunächst quer, dann aber mehr und mehr in Faserrichtung abzweigen. Bei stärkerem Befall kommt es zum Absterben des Brutbaums. Nach dem Abfallen der Rinde wird schließlich das Fraßbild sichtbar. Der Käfer bildet nur 1 Generation im Jahr. Der ähnliche **Große Ulmensplintkäfer** *Scolytus scolytus* hat rotbraune Flügeldecken. Er befällt Ulmen.

Buchdrucker Imago (links) und Fraßbild unter Fichtenrinde (rechts)

Kupferstecher Fraßbild an einer Fichte

Birkensplintkäfer Fraßbild an einer Birke

Haselnussbohrer

Curculio nucum · Familie Rüsselkäfer

Rüssel sehr dünn, beim ♀ (linkes kleines und großes Bild) fast so lang wie der restliche Körper, beim ♂ deutlich kürzer; ganzer Körper mit anliegenden bräunlichen Schuppen bedeckt.

Beschuppte Fläche des Schildchens quadratisch. KL 6–9 mm. Mai–Jul

Vorkommen In Laubwäldern, vor allem aber in Gärten weit verbreitet und meist nicht selten.

Wissenswert! Der fast haardünne Rüssel stellt kein Stechwerkzeug dar, sondern gewissermaßen eine nasenartige Verlängerung des Kopfes, die an ihrer Spitze winzige beißende Mundwerkzeuge trägt. Im Frühsommer ist der Käfer oft auf angepflanzten, viel seltener auf wild wachsenden Haselnusssträuchern zu beobachten. Zur Nahrungsaufnahme kann er seinen Bohrer in wenigen Sekunden bis zum Anschlag in eine unreife, noch weiche Haselnuss hineintreiben, um so Teile des Kerns zu verzehren. Zur Eiablage bohrt das Weibchen eine Nuss an und legt ein Ei in das Bohrloch. Die Larve (rechtes kl. Bild) frisst einen großen Teil des Kerns. Die befallene Nuss fällt vorzeitig zu Boden, und wenig später wird sie von der Larve durch ein seitliches Bohrloch verlassen. Die Larve gräbt sich ins Erdreich ein und überwintert. Erst im Frühjahr findet die Verpuppung statt.

Ähnlich Beim ebenfalls nicht seltenen **Eichelbohrer** *Curculio venosus* ist die beschuppte Fläche des Schildchens länglich. Seine Larven entwickeln sich in Eicheln.

Gefurchter Dickmaulrüssler

Otiorhynchus sulcatus · Familie Rüsselkäfer

Plumper Käfer mit ziemlich kurzem, breitem Rüssel; Oberfläche stark gekörnt.

KL 9–11 mm; Flügeldecken mit hellen Haarflecken. Ganzjährig.

Vorkommen An Waldrändern und in Gärten nicht selten, auch in Wohnungen.

Wissenswert! Der flugunfähige Käfer ernährt sich von sehr verschiedenen Pflanzen. Da Männchen nur selten auftreten, vermehrt sich die Art meist durch Jungfernzeugung. Dies begünstigt die Eroberung neuer Lebensräume, da jedes Weibchen eine neue Population aufbauen kann. Seit einigen Jahren wird der G. L. häufiger an Gewächshauskulturen, aber auch an Zimmerpflanzen gefunden. Seine Larven entwickeln sich an Pflanzenwurzeln. Bei stärkerem Befall kommt es oft zum Absterben der Pflanze. Die Verpuppung findet ebenfalls im Erdboden statt. (Abb. von Larve und Puppe ⇨ S. 8)

Großer Pestwurzrüssler

Liparus glabrirostris · Familie Rüsselkäfer

Glänzend schwarz mit gelblichen Haarflecken, an den Halsschildseiten in Form eines „Y".

KL 14–19 mm. Mai–Jul

Vorkommen An feuchten Waldrändern und an Bachufern; im Bergland stellenweise nicht selten.

Wissenswert! Der flugunfähige Käfer ist bei feuchtem Wetter häufig bei der Überquerung von Wegen zu beobachten. Seine Larve entwickelt sich im Wurzelstock von Pestwurz-Arten.

Ähnlich Dem noch etwas größeren *Liparus dirus* (Körperlänge bis 20 mm) fehlen die gelben Haarflecke. Die sehr wärmeliebende Art kommt in M.-EU nur in ausgesprochenen Wärmegebieten (z. B. im Elsass) vor. §

Haselnussbohrer Weibchen auf einer Haselnuss

Gefurchter Dickmaulrüssler

Großer Pestwurzrüssler

Kiefernbestandsrüssler

Pissodes pini · Familie Rüsselkäfer

Dunkelbraun mit gelben Haarflecken; Flügeldecken mit 2 schrägen Querbinden aus gelben Haarschuppen.

KL 6–9 mm. Ganzjährig.
Vorkommen In Kiefernwäldern häufig.
Wissenswert! Der K. legt seine Eier in kleinen Häufchen in der Kronenregion älterer Kiefern ab. Die Larven fressen unter der Rinde sternförmig auseinanderstrebende Gänge, an deren Ende später die mit einem Spanpolster ausgekleideten Puppenwiegen liegen.

Ähnlich Der **Große Braune Rüsselkäfer** *Hylobius abietis* wird 8–14 mm groß. Die Schuppenhaare auf den Flügeldecken sind bei ihm zu unregelmäßigen Flecken und Binden angeordnet.

Grünrüssler

Phyllobius sp. · Familie Rüsselkäfer

Ganze Oberfläche dicht mit blaugrünen, hellgrünen oder golden-kupfernen Schuppenhaaren bekleidet.

KL 5–10 mm. Mai–Jul. Zahlreiche schwer unterscheidbare Arten.
Vorkommen Im Innern und am Rand von Wäldern und Gebüschen häufig.
Wissenswert! Die einzelnen Arten dieser Gattung fressen als Käfer an Blättern verschiedener Laubbäume oder Kräuter, einige auch an Nadelbäumen. Die Larven entwickeln sich meist an Wurzeln; sie können Jungbäume zum Absterben bringen.

Ähnlich Beim **Gelbrandrüssler** *Chlorophanus viridis* sind die Seiten des ganzen Körpers gelbgrün abgesetzt. Der Käfer frisst oft an Pestwurzblättern.

Birkenblattroller

Deporaus betulae · Familie Blattroller

Schwarz, manchmal mit bläulichem Schimmer, Rüssel ungefähr so lang wie der Rest des Kopfes.

KL 3–5 mm. Apr–Jul
Vorkommen An Waldrändern häufig.
Wissenswert! Der B. bevorzugt Birken, ist aber auch an anderen Laubbäumen zu finden. Vor der Eiablage schneidet das Weibchen zunächst auf einer Blattseite nahe der Blattbasis eine steile, s-förmige Linie bis zur Mittelrippe, nagt diese etwas an und schneidet anschließend auf der anderen Blattseite in einer deutlich flacheren, geschwungenen Kurve wieder bis zum Blattrand. Dann formt es aus dem Blattende einen tütenförmigen Wickel (kleines Bild) und legt darin 1–6 Eier ab.

Zigarrenwickler

Byctiscus betulae · Familie Blattroller

Färbung metallisch grün, blau oder kupferrot, stark glänzend, Rüssel deutlich länger als der Rest des Kopfes.

KL 5–7 mm. Apr–Sep
Vorkommen An Wald- und Wegrändern meist nicht selten.
Wissenswert! Der Z. hinterlässt seine Spuren an zahlreichen verschiedenen Laubbäumen und Sträuchern, etwa an Pappeln, Weiden, Buchen oder – wie im Bild – an Himbeersträuchern. Das Weibchen verwendet für seine Blattrolle jeweils ein ganzes Blatt. Es nagt zunächst den Blattstiel an, sodass dieser abknickt, und rollt dann die Blattspreite zu einer Art Zigarre (kleines Bild) zusammen. In einer solchen Blattrolle können sich bis zu 15 Larven entwickeln.

Kiefernbestandsrüssler

Grünrüssler

Birkenblattroller Weibchen beim Blattschneiden

Zigarrenwickler Weibchen auf Blattwickel

Kohlschnake

Tipula sp. · Familie Schnaken

Mit einer Flügelspannweite von rund 25–50 mm auffallend großer, überwiegend grau gefärbter Zweiflügler mit überaus langen Beinen.

FZ Apr–Okt. Mehrere schwer unterscheidbare Arten.

Vorkommen Überall häufig.

Wissenswert! Die K. dringt abends oft über geöffnete Fenster in Wohnräume ein und jagt vielen Menschen einen gehörigen Schrecken ein. Dabei ist sie vollkommen harmlos und kann weder stechen noch beißen. Ihre Mundwerkzeuge sind weitgehend zurückgebildet und erlauben ihr höchstens die Aufnahme von Wasser oder offen angebotenem Nektar. Beim Weibchen ist das Hinterleibsende in eine spitze Legeröhre ausgezogen. Nach der Paarung schiebt es damit seine Eier in feuchtes Erdreich. Dabei hüpft es in steil aufrechter Körperhaltung und etwas unbeholfenem Flug auf und ab und stützt sich immer wieder mit den Fußspitzen am Boden ab. Die fußlose Larve (linkes kleines Bild) ist grau gefärbt und ernährt sich von Falllaub und anderen Pflanzenresten, aber auch von Pflanzenwurzeln. Bei Massenauftreten können hierdurch Schäden in Pflanzenkulturen entstehen. Bemerkenswert ist das „zweite Gesicht" der im Grunde schmucklosen Larve: Die am abgestutzten Hinterende ausmündenden Atemöffnungen sind ringsum von 6 teils fingerförmigen, teils zugespitzten Hautfortsätzen umgeben, die das Bild einer „Teufelsfratze" ergeben (rechtes kleines Bild). Die Fortsätze können bei Gefahr nach innen geklappt werden und so die Atemorgane vor Verletzung oder auch vor dem Eindringen von Wasser schützen.

Holzschnake

Tanyptera atrata · Familie Schnaken

Stark glänzend, ♀ (Bild) mit vorn rotem, hinten in einen langen Legebohrer ausgezogenem Hinterleib.

♂ mit kammförmig gefiederten Fühlern und schwarzem oder gelbbraunem Hinterleib. FS 30–40 mm. FZ Jun–Jul

Vorkommen An offenen Stellen in feuchten Wäldern; nicht häufig.

Wissenswert! Das Weibchen versenkt seine Eier mit Hilfe seines gebogenen Legebohrers in morsches Holz. Darin entwickeln sich die Larven.

Verwandt Eine ebenfalls recht bunte und stark glänzende Schnake ist die **Kammschnake** *Ctenophora ornata*. Bei ihr ist der Hinterleib lebhaft gelb, rotbraun und schwarz gezeichnet. Das Tier erinnert dadurch an eine Wespe.

Wintermücke

Trichocera annulata · Familie Wintermücken

Sehr zart mit ausgesprochen langen, dünnen Beinen, dadurch wie eine kleine Schnake wirkend.

FS 11–13 mm. FZ Okt–Apr

Vorkommen An Waldrändern, Feldhecken und auch in Gärten überall häufig.

Wissenswert! Die ausgewachsenen Mücken treten nur in der kälteren Jahreshälfte auf und tanzen bereits bei Temperaturen von wenig über dem Gefrierpunkt in Schwärmen, vorzugsweise dort, wo einzelne Sonnenstrahlen durchs Gesträuch fallen. Die Larven leben am Boden und ernähren sich von zerfallenden Pflanzenresten.

Verwandt Ebenfalls winteraktiv ist die flügellose, aber mit großen Schwingkölbchen ausgerüstete **Schneeschnake** *Chionea belgica*.

Kohlschnake

Holzschnake Weibchen bei der Eiablage

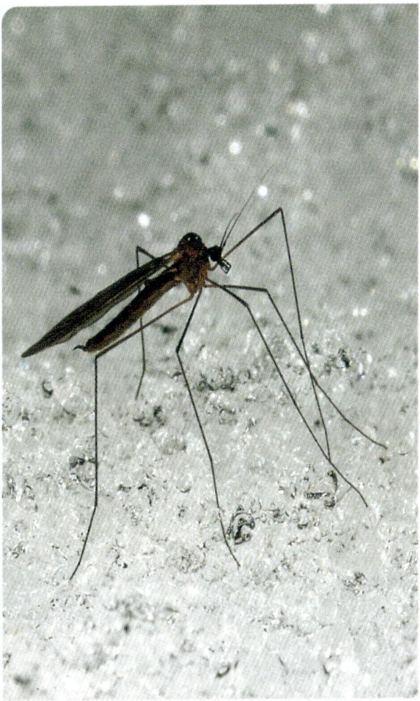

Wintermücke im Winter auf Schnee

Buchengallmücke

Mikiola fagi · Familie Gallmücken

Zerbrechlich wirkende Mücke mit sehr dünnen Beinen und rötlichem Hinterleib.

FS 9–12 mm. FZ Mär–Mai

Vorkommen In Buchenwäldern und an Waldrändern überall häufig.

Wissenswert! Die an den ersten warmen Frühlingstagen schwärmende Mücke legt ihre Eier einzeln oder in kleinen Gruppen an die Blattknospen von Buchen. Die mit dem Blattaustrieb schlüpfenden Larven regen das Pflanzengewebe durch Speichelsekrete zur Bildung eines Ringwalls an, der sich schließlich oben zu einer spitzen Kuppel schließt. Etwa ab Juni kann man auf den Buchenblättern die fertig entwickelten, tropfenförmigen Gallen entdecken (rechtes großes Bild). Sie sind bis 10 mm hoch und zunächst grün, nehmen später aber meist eine leuchtend rote Färbung an. Das harte, dickwandige Pflanzengewebe, aus dem sie bestehen, lässt innen einen geräumigen Hohlraum frei. In diesem entwickelt sich die zunächst weiße, später orange gefärbte Larve. Kurz vor dem herbstlichen Blattfall lösen sich die Gallen meist vom Blatt und fallen zu Boden. An der Kontaktfläche zum Blatt spannt sich ein zartes weißes Häutchen aus. Die Larve häutet sich gegen Ende des Winters zur Puppe (kleines Bild oben). Die schlüpfende Mücke durchstößt das Häutchen und gelangt so ins Freie.

Verwandt Die Gallen der etwas kleineren **Buchenblatt-Gallmücke** *Hartigiola annulipes* sind bis 4 mm groß und meist struppig behaart.

Lidmücke

Liponeura sp. · Familie Lidmücken

Sehr langbeinige Mücke; Flügel auffallend breit, außer den Adern mit einem dichten Netz von Falten, dadurch wie zerknittert wirkend; ♀ mit kurzem, kräftigem Saugrüssel.

FS 15–20 mm. FZ Jun–Okt

Vorkommen An Bergbächen in der Nähe von Stromschnellen oder Wasserfällen; in den Alpen und einigen Mittelgebirgen, stellenweise nicht selten.

Wissenswert! Die Larven der Gattung *Liponeura* sind perfekt an extreme Strömungsverhältnisse angepasst. Auf der Unterseite haben sie 6 Saugnäpfe, die zu den perfektesten Anheftungsorganen gehören (rechtes großes Bild). Durch Anheben eines Stempels in der Mitte wird ein Unterdruck erzeugt, der sie sicher auf der Unterlage haften lässt. Zur Fortbewegung löst die Larve jeweils nur 1–2 Saugnäpfe gleichzeitig und schiebt die dazugehörigen Körperringe etwas vor. Man findet die Larven nur an Stellen stärkster Turbulenz, vor allem in Stromschnellen auf der Oberseite größerer Steine, über die das Wasser unmittelbar hinwegschießt. Hier ernähren sie sich vom spärlichen Algenbewuchs. Die flachen, strömungsgünstig gebauten Puppen (kleines Bild unten) findet man an den gleichen Stellen, aber immer dicht unter der Wasseroberfläche. Sie sind mit einer Kittsubstanz am Stein befestigt. Die Mücken entfalten ihre Flügel unmittelbar nach dem Verlassen der Puppenhüllen. So können sie sofort von der Wasseroberfläche starten. Die Weibchen fangen kleinere Fluginsekten und saugen sie aus.

Buchengallmücke Imago (links) und Gallen an Buchenblatt (rechts)

Lidmücke Imago (links) und Larve (rechts)

Stechmücke

Aedes sp. · Familie Stechmücken

♀ (großes Bild links) mit langem Stechrüssel, kurzen Lippentastern und zugespitztem Hinterleib.

KL 7–9 mm; Fußglieder meist hell-dunkel geringelt. FZ Apr–Okt. Viele schwer unterscheidbare Arten.

Vorkommen Überall häufig, besonders in feuchten Wäldern.

Wissenswert! Nur wenn die Weibchen eine Blutmahlzeit zu sich genommen haben, können ihre Eier reifen. Die Larven (rechtes großes Bild) besitzen ein schräg abstehendes Atemrohr, mit dem sie am Wasserspiegel hängen. Sie strudeln mit ihren Mundwerkzeugen Schwebteile herbei. Bei Gefahr tauchen sie mit schlängelnden Bewegungen zum Gewässergrund. Die Puppen (kleines Bild) sind fast kugelig, mit einem um den Körper geschlungenen Hinterleib.

Fiebermücke

Anopheles maculipennis · Familie Stechmücken

Ähnlich einer Stechmücke, doch mit dunkel gefleckten Flügeln und ziemlich langen Lippentastern.

KL 6–8 mm. FZ Apr–Okt

Vorkommen In Feuchtgebieten, nicht so häufig wie die *Aedes*-Arten.

Wissenswert! Während Stechmücken den Körper parallel zur Unterlage ausrichten und den Kopf mit dem Stechrüssel schräg abwinkeln, stellen Fiebermücken ihren Körper schräg zur Unterlage und halten den Kopf mit dem Rüssel gerade ausgestreckt. Die F. ist in wärmeren Ländern als Überträgerin der Malaria gefürchtet; bei uns kommt der Erreger nicht vor. Die Larve (kleines Bild) besitzt keine Atemröhre. Sie heftet sich flach unter den Wasserspiegel und atmet über die am Rücken liegenden Atemöffnungen.

Büschelmücke

Chaoborus sp. · Familie Büschelmücken

Ähnlich einer Stechmücke, doch mit stark rückgebildeten Mundwerkzeugen.

KL 6–7 mm. FZ Mai–Aug. (Imago nicht abgebildet.)

Vorkommen In der Nähe stehender Gewässer ziemlich häufig.

Wissenswert! Die adulten Mücken können wegen ihrer reduzierten Mundwerkzeuge keine Nahrung aufnehmen. Die vollkommen durchsichtigen Larven besitzen vorn und hinten jeweils ein Paar luftgefüllter Tracheenblasen, dank derer sie waagrecht im Wasser schweben. Mit ihren zu Greifhaken umgewandelten Fühlern ergreifen sie Kleinkrebse und verschlingen sie.

Ähnlich Die Larven der nahe verwandten Gattung *Mochlonyx* sind undurchsichtig und haben ein kurzes Atemrohr.

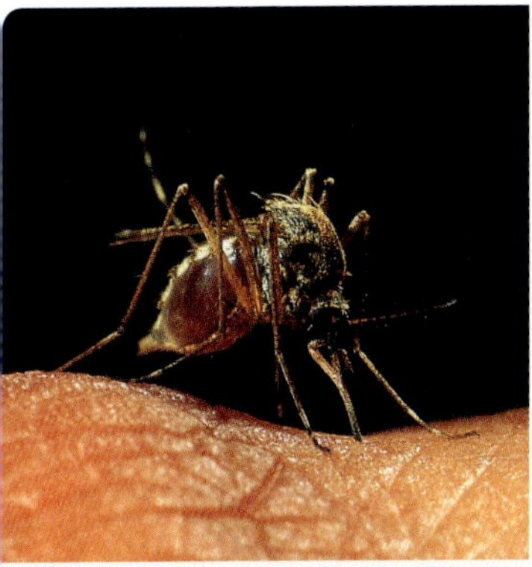

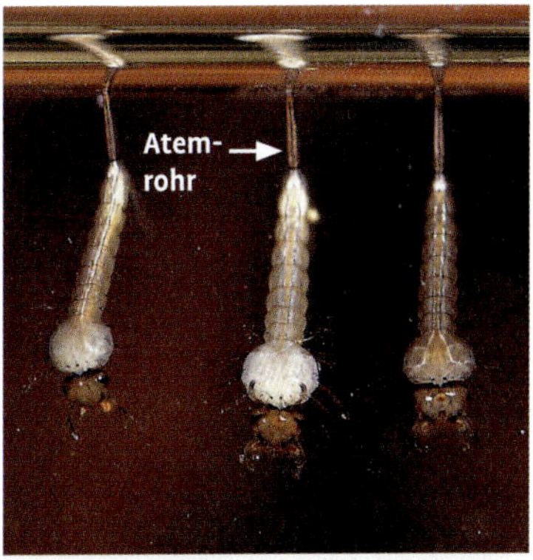

Stechmücke Weibchen beim Blutsaugen (links) und Larven (rechts)

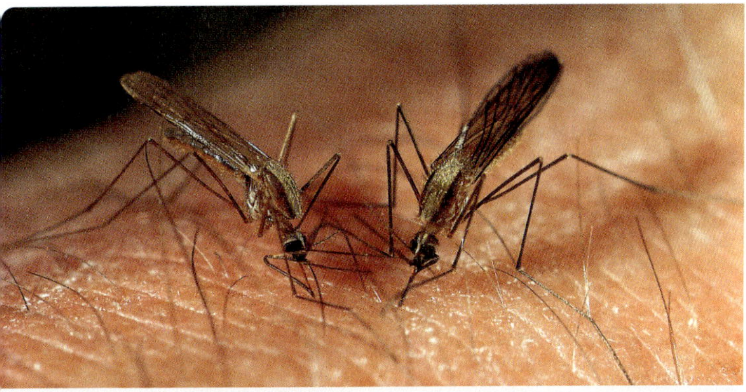

Fiebermücke 2 blutsaugende Weibchen

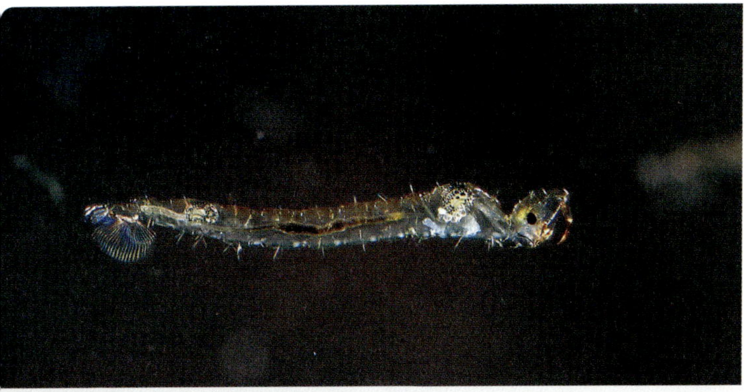

Büschelmücke durchsichtige Larve

Kriebelmücke

Simulium sp. · Familie Kriebelmücken

Etwas buckelig wirkende, fliegenähnliche Mücke mit sehr kurzem, dickem Saugrüssel, Körper meist grau.

KL 3–6 mm; Beine hell gefleckt. FZ Mai–Aug
Vorkommen In der Nähe von Fließgewässern überall häufig.
Wissenswert! Die Weibchen saugen vor allem an Weidevieh Blut. Der Stich ist zum einen wegen des ziemlich dicken Rüssels, zum andern wegen des zugleich abgegebenen giftigen Speichels ausgesprochen schmerzhaft. Meist bildet sich an der Stichstelle später eine z. T. starke Schwellung. Bei Massenauftreten der K. kann es zu Verlusten unter dem Weidevieh kommen. Die keulenförmigen Larven (rechtes großes Bild) heften sich an Wasserpflanzen oder Steinen fest und filtrieren mit ihren fächerförmigen Mundteilen Schwebteilchen aus dem strömenden Wasser. Die Puppen (kleines Bild) sitzen in tütenförmigen, pergamentartigen Gehäusen und atmen über büschelförmige Kiemen.

Zuckmücke

Chironomus sp. · Familie Zuckmücken

♂ (linkes großes Bild) mit beidseitig lang gekämmten, ♀ (rechtes großes Bild) mit sehr kurzen, einfachen Fühlern.

KL 10–14 mm. FZ fast ganzjährig.
Vorkommen An stehenden und fließenden Gewässern überall häufig.
Wissenswert! Die Männchen tanzen in Schwärmen, die nicht selten an Rauchschwaden erinnern. Wenn ein Weibchen in den Schwarm eindringt, wird es an seinem spezifischen Fluggeräusch erkannt, von zahlreichen Männchen bedrängt und sogleich von einem davon zur Paarung ergriffen. Die leuchtend rot gefärbten Larven (kleines Bild) sind als „Rote Mückenlarven" ein beliebtes Zierfischfutter. Sie stellen durch ihr massenhaftes Vorkommen auch im Freiland eine außerordentlich wichtige Fischnahrung dar. Die Larven bauen sich aus Gespinst und Schlammteilen gewundene Röhren, in denen sie sich die überwiegende Zeit aufhalten. Sie ernähren sich von zerfallenden organischen Substanzen.

Haarmücke

Bibio sp. · Familie Haarmücken

Dicht behaarte, fliegenähnliche Mücke; Färbung tiefschwarz. ♂ (kl. Bild, linkes Tier) mit großen, halbkugeligen, ♀ (kl. Bild, rechtes Tier) mit winzigen Augen.

KL 8–10 mm. FZ Mär–Mai
Vorkommen In Wäldern wie in offenem Gelände, auch in Gärten; fast überall häufig.
Wissenswert! Zur Eiablage sucht das Weibchen vorzugsweise gut gedüngte Bodenstellen auf, gräbt sich dort ein und setzt im Erdreich bis zu 3000 Eier ab. Die bis zu 20 mm langen, gelblich weißen Larven besitzen kurze, stachelige Fortsätze an den Rückenplatten. Sie ernähren sich von Falllaub und anderen verrottenden Pflanzenteilen und sind damit wichtige Humusbildner. Manchmal treten sie in riesigen Mengen auf und können dann durch Wurzelfraß auch Schäden anrichten.

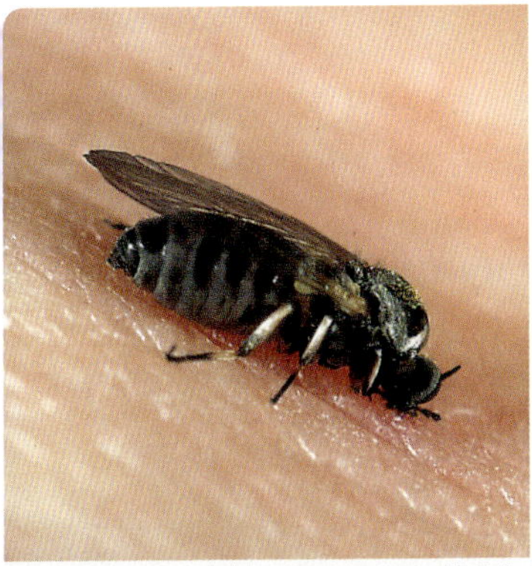

Kriebelmücke blutsaugende Imago (links) und Larve an einer Wasserpflanze (rechts)

Zuckmücke

Haarmücke Männchen

Chamäleonfliege

Stratiomys chamaeleon · Fam. Waffenfliegen

Hinterleib stark verbreitert und deutlich abgeflacht, seitlich weit über die Flügel hinausragend, mit leuchtend gelben Zeichnungen.

KL 12–16 mm. FZ Jun–Sep
Vorkommen In der Nähe stehender Gewässer, gebietsweise nicht selten.
Wissenswert! Die auffallend große und hübsch gezeichnete Fliege hält sich oft auf Doldenblüten auf. Ihre spindelförmige, bis 5 cm lange Larve entwickelt sich in schlammigen Gewässern. Sie schwimmt direkt unter dem Wasserspiegel.

Grüne Waffenfliege

Oplodontha viridula · Familie Waffenfliegen

Kopf und Vorderkörper bronzefarben, Hinterleib leuchtend grün mit schwarzer Mittelzeichnung.

KL 8–9 mm. FZ Jun–Jul
Vorkommen Im Uferbereich pflanzenreicher Gewässer ziemlich häufig.
Wissenswert! Die G. W. trägt wie die meisten Waffenfliegen hinten am Schildchen 2 spitze Dorne (Name!), die aber wohl keine Funktion haben. Ihre Larve schwimmt wie die der Chamäleonfliege an der Wasseroberfläche und hält die Atemöffnungen auf dem Wasserspiegel.

Schnepfenfliege

Rhagio scolopaceus · Fam. Schnepfenfliegen

Schlank und langbeinig, Hinterleib gelbbraun getönt, oben mit schwarzen Dreiecken und schwarzer Spitze.

KL 8–14 mm; Flügel dunkel gefleckt. FZ Mai–Sep
Vorkommen An Waldrändern und am Rand von Waldwegen; ziemlich häufig.
Wissenswert! Die S. lauert gern mit leicht abwärts gerichtetem, aber schräg von der Unterlage abgehobenem Körper auf liegenden Baumstämmen und stürzt sich dann auf vorbeifliegende Beuteinsekten. Ihre Larve entwickelt sich im Erdboden.

Dickkopffliege

Conops flavipes · Familie Dickkopffliegen

Lebhaft gelb-schwarz gezeichnete Fliege mit keulenförmig verdicktem Hinterleib und auffallend großem Kopf.

KL 9–13 mm; Rüssel schräg nach oben gerichtet, Fühler gekeult. FZ Mai–Aug
Vorkommen An Waldrändern und in offenem Gelände nicht selten.
Wissenswert! Die D. ist oft auf Blüten zu beobachten. Ihr nach oben abgeknickter Rüssel wird dann nach unten geklappt. Daneben hält sie sich regelmäßig in der Umgebung von Wildbienennestern auf. In ihnen entwickeln sich die Larven.

Graue Raubfliege

Machimus sp. · Familie Raubfliegen

Ziemlich kräftig gebaute, graue Fliege mit schmalem, langem Hinterleib, Beine auffallend stark bestachelt.

KL 16–25 mm; Kopf vorn mit weißem „Knebelbart“, darunter ein kurzer, kräftiger Saugrüssel. FZ Jul–Sep
Vorkommen An Wald- und Wegrändern.
Wissenswert! Die Fliege lauert im Gebüsch auf vorbeifliegende Beutetiere, die sie in einem kurzen Flug ergreift, um dann mit ihrem Opfer zur Sitzwarte zurückzukehren. Oft sind die überwältigten Beutetiere fast so groß wie sie selbst.

Gelbe Raubfliege

Laphria flava · Familie Raubfliegen

Sehr kräftig; durch die dichte, gelbe Behaarung an eine Hummel erinnernd.

KL 17–25 mm. FZ Jul–Sep
Vorkommen An Waldrändern und Waldwegen nicht selten.
Wissenswert! Die etwas bedrohlich wirkende G. R. fliegt mit recht lautem Brummton und verstärkt so noch den Eindruck ihrer Gefährlichkeit. Mit ihrem kräftigen Saugrüssel kann sie aber offensichtlich nicht stechen. Sie wählt gern Holzstöße als Sitzwarte und kehrt an den einmal gewählten Ort immer wieder zurück.

Chamäleonfliege

Grüne Waffenfliege

Schnepfenfliege

Dickkopffliege

Graue Raubfliege bei der Paarung

Gelbe Raubfliege

Gewürfelte Tanzfliege

Empis tesselata · Familie Tanzfliegen

Schlanke, langbeinige Fliege mit langem, rechtwinklig nach unten gerichtetem Saugrüssel.

KL 11–13 mm; Flügel beim ♂ breiter und dunkler als beim ♀. FZ Mai–Jul

Vorkommen An Waldrändern ziemlich häufig.

Wissenswert! Diese auffallenden Fliegen sind oft beim Blütenbesuch zu beobachten. Bei der Balz tanzen die Männchen mit einem erbeuteten Insekt als „Brautgeschenk" in kleinen Schwärmen. Das Weibchen fliegt in den Schwarm hinein, greift sich ein Geschenk, lässt sich vom Männchen packen, und beide fliegen zur Paarung ins Gebüsch. Hier klammert sich das Männchen mit seinen Vorderbeinen an einem Zweig fest, mit den übrigen Beinen hält es seine mit der Beute beschäftigte Partnerin. Bei manchen Tanzfliegen-Arten „verpacken" die Männchen ihr Brautgeschenk in einem Seidengespinst.

Großer Wollschweber

Bombylius maior · Familie Wollschweber

Pelzig braun behaarte Fliege mit körperlangem, nach vorn gestrecktem Rüssel; Flügel vorn mit breiter, brauner Binde.

KL 9–12 mm. FZ Apr–Jun

Vorkommen An sonnigen Waldrändern nicht selten.

Wissenswert! Der gefährlich anmutende, aber völlig harmlose G. W. ist ein eifriger Blütenbesucher. Er taucht im Flug seinen Rüssel tief in Blütenkelche. Das Weibchen sucht zur Eiablage Nestkolonien bodenbrütender Wildbienen (meist Sandbienen ⇨ S. 176) auf. Hier stupft es zunächst seine Hinterleibsspitze mehrfach in den staubigen Boden und pudert dadurch die Eier mit einer tarnenden Staubhülle ein. Anschließend wirft es sie in der Nähe der Nesteingänge ab. Die anfangs sehr beweglichen Larven wandern in die Bienennester, häuten sich dort zu trägen Maden und leben zunächst von den Futtervorräten, später von den Maden der Bienen.

Goldaugenbremse

Chrysops relictus · Familie Bremsen

Flügel in der Ruhelage schräg abgespreizt, in der Mitte mit einer breiten, schwarzen Querbinde.

KL 9–11 mm; Augen leuchtend grün, mit runden, violetten, teilweise roten Flecken. FZ Mai–Sep

Vorkommen In offenem Gelände ziemlich häufig.

Wissenswert! Die G. fliegt fast geräuschlos und landet daher oft unbemerkt, vorzugsweise im Kopfbereich. Ihr Stich ist wegen der Dicke des Rüssels recht schmerzhaft. Die volkstümliche Bezeichnung „Blinde Fliege" rührt vermutlich daher, dass es recht einfach ist, die saugende Bremse zu erschlagen. Doch scheint die G. als Nahrungsquelle Weidevieh zu bevorzugen, denn sie fällt weniger oft den Menschen an als z. B. die Regenbremse. Die gelblich weiße, bis 16 mm lange Larve ist abgeflacht und an beiden Enden verschmälert. Sie entwickelt sich in Kleingewässern

Regenbremse

Haematopota pluvialis · Familie Bremsen

Flügel fein grau marmoriert, in Ruhelage dachförmig über dem Hinterleib zusammengelegt.

KL 8–12 mm; Augen mit bunten Zackenbinden, die fast in allen Regenbogenfarben schillern. FZ Mai–Okt

Vorkommen Überall häufig, häufigste heimische Bremsenart.

Wissenswert! Die R. ist vor allem bei schwül-feuchtem Wetter sehr aktiv. Sie sticht bevorzugt in die Arme und lässt sich beim Saugen kaum stören.

Verwandt Die teilweise wesentlich größeren Bremsen der Gattung *Tabanus* (bis 25 mm) haben einfarbige Augen oder, wie die hier gezeigte Art *Tabanus tropicus*, mit geradlinigen Streifen gezeichnete Augen.

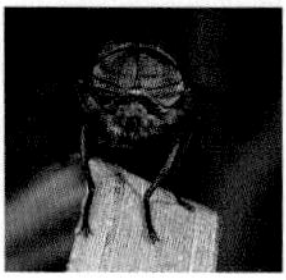

Gewürfelte Tanzfliege Paar mit Brautgeschenk

Großer Wollschweber

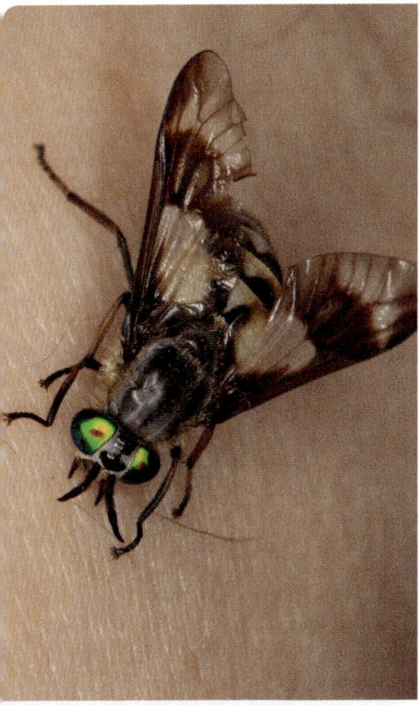

Goldaugenbremse blutsaugend

Regenbremse blutsaugend

Hainschwebfliege

Episyrphus balteatus · Familie Schwebfliegen

3. und 4. Segment mit breiter Hinterrandbinde und davor schmalen, unterbrochenen Querstrichen.

Das 2. Segment außerdem mit dunklem Kreuz. KL 10–11 mm. FZ fast ganzjährig.
Vorkommen Überall eine der häufigsten Schwebfliegenarten.
Wissenswert! Die G. W. ist wie die meisten Schwebfliegen eine eifrige Blütenbesucherin. Ihre dunkelgraue, abgeflachte Larve (rechtes großes Bild) ist mit weißen, in Schrägstreifen angeordneten Flecken gezeichnet. Am Hinterende trägt sie einen dunklen Zapfen, an dessen Spitze die beiden Atemöffnungen liegen. Die Kopfkapsel ist wie bei den meisten Fliegenlarven reduziert; von den Mundwerkzeugen sind nur dolchförmig gekrümmte Mundhaken übrig geblieben. Sie ernährt sich von Blattläusen, die sie mit den Mundhaken ansticht, von der Pflanze losreißt und aussaugt. Die Verpuppung erfolgt in der erhärtenden letzten Larvenhaut (kleines Bild).

Späte Frühlingsschwebfliege

Meliscaeva cinctella · Familie Schwebfliegen

Hinterleib gelb mit breiten, schwarzen Querbinden, 2. Segment außerdem mit einer Längsbinde.

KL 9–11 mm. FZ Apr–Okt
Vorkommen Vorwiegend an Waldrändern und auf Waldlichtungen; überall häufig.
Wissenswert! Die S. F. ist oft auf Blüten zu finden, besonders auf Doldengewächsen, Disteln und Sumpfdotterblumen. Ihre Larve entwickelt sich in Blattlauskolonien. Die ähnliche **Gebänderte Buchenschwebfliege** *Melangyna cincta* hat einen kürzeren Hinterleib mit stärker gelbem 2. Segment.

Späte Großstirn-Schwebfliege

Scaeva pyrastri · Familie Schwebfl.

Segment 2 mit gerader, die Segmente 3 und 4 mit gebogener, jeweils in der Mitte unterbrochener, weißer Querbinde.

KL 14–15 mm. FZ Apr–Sep
Vorkommen An Waldrändern und in offenem Gelände überall häufig.
Wissenswert! Auch die Larve der S. G. gehört zu den Blattlausvertilgern. Sie ist grün (gelegentlich auch rosa) und trägt auf dem Rücken einen weißen Längsstreifen. Die ähnliche, seltenere *Scaeva selenitica* zeigt die gleiche Streifenzeichnung in Gelb.

Hummel-Waldschwebfliege

Volucella bombylans · Familie Schwebfliegen

Kräftige, pelzig behaarte Fliege, Hinterleib schwarz mit roter Spitze oder schwarz und gelb mit weißer Spitze.

KL 11–15 mm. FZ Mai–Aug
Vorkommen An Waldrändern und auf Waldwiesen meist nicht selten.
Wissenswert! Die Art wird oft mit einer Hummel verwechselt. Die abgebildete Farbform gleicht stark einer Steinhummel (⇨ S. 174). Die Larven entwickeln sich in Hummelnestern. Sie leben hier aber offenbar nicht als Parasiten, sondern verzehren abgestorbene Larven und Abfälle.

Mistbiene

Eristalis tenax · Familie Schwebfliegen

Breit gebaut, deutlich behaart. 2. Hinterleibssegment mit 2 großen, gelbroten Flecken.

KL 14–16 mm. FZ fast ganzjährig.
Vorkommen Überall sehr häufig.
Wissenswert! Der Name M. bezieht sich auf ihre Bienenähnlichkeit und den Entwicklungsort ihrer Larve. Man findet diese vorzugsweise in Fäkaliengruben oder Jauchepfützen. Sie besitzt ein teleskopartiges Atemrohr, mit dem sie ihre Atemöffnungen zur Wasseroberfläche emporstreckt, während sie im Schlamm wühlt.

Hainschwebfliege Imago (links) und Larve mit Blattläusen (rechts)

Späte Frühlingsschwebfliege

Späte Großstirn-Schwebfliege

Hummel-Waldschwebfliege

Mistbiene

Gewöhnliche Stubenfliege

Musca domestica · Familie Echte Fliegen

Dunkelgrau mit gelbbraunem, oben und am Ende schwarz gezeichnetem Hinterleib.

KL 6–8 mm. FZ fast ganzjährig.
Vorkommen Überall sehr häufig, vor allem in Wohnungen.
Wissenswert! Die G.S. ernährt sich von flüssigen Stoffen, kann sich aber auch feste, wasserlösliche Nahrung (z.B. Zucker) erschließen, indem sie sie mit Speichel beträufelt und dann mit ihrem stempelförmigen Rüssel aufsaugt. Ihre Larven entwickeln sich an verwesenden Stoffen.

Wadenstecher

Stomoxys calcitrans · Familie Echte Fliegen

Ähnlich einer Stubenfliege, doch mit grauem, dunkel geflecktem Hinterleib.

KL 6–8 mm; Mundwerkzeuge zu einem gerade vorgestreckten Stechrüssel umgebildet. FZ Apr–Okt
Vorkommen In der Nähe von Viehweiden und Stallungen häufig.
Wissenswert! Der W. setzt sich meist mit nach oben gerichtetem Kopf ab, während die Stubenfliege an senkrechten Flächen stets den Kopf nach unten richtet. Er saugt vorzugsweise an Pferden Blut, aber auch an Menschen (hier oft an den Waden).

Dungfliege

Scatophaga stercoraria · Familie Dungfliegen

♂ (Bild) mit goldgelber, ♀ mit mehr grünlich gelber, pelziger Behaarung.

KL 5–10 mm. FZ Apr–Okt
Vorkommen Besonders in der Nähe von Rinderweiden überall häufig.
Wissenswert! Die D. findet man stets auf frischen Kuhfladen. Sie besucht aber auch Blüten oder fängt kleinere Insekten, die sie mit ihrem Rüssel aussaugt. Das Weibchen legt seine schmal geflügelten Eier auf die Oberseite von Kuhfladen. Die etwa 10 mm langen Maden entwickeln sich in deren Innern und höhlen sie fast vollkommen aus.

Graue Fleischfliege

Sarcophaga carnaria · Familie Fleischfliegen

Mit 13–15 mm Körperlänge recht große, graue Fliege mit schwarzen Längsstreifen und Würfelflecken.

FZ Apr–Okt
Vorkommen Überall sehr häufig.
Wissenswert! Die Larven der G.F. entwickeln sich entgegen landläufiger Meinung nicht in Fleisch, sondern in Regenwürmern. Das Weibchen legt seine Eier am Boden neben dem Eingang eines Regenwurmgangs ab. Die Larven kriechen in die Röhre und bohren sich in den Wurm. Sie töten und verzehren ihn in wenigen Tagen.

Igelfliege

Tachina fera · Familie Schmarotzerfliegen

Große, sehr breit gebaute Fliege; Hinterleib an den Seiten gelbrot, in der Mitte mit schwarzer Längsbinde.

KL 9–16 mm; am Hinterende mit abstehenden, kräftigen Borsten. FZ Apr–Okt
Vorkommen Auf Waldlichtungen und Wiesen im Allgemeinen nicht selten.
Wissenswert! Die Larven entwickeln sich in Schmetterlingsraupen. Bei Massenauftreten von Nonne, Schwammspinner und anderen Forstschädlingen stellen sie wichtige Regulatoren dar, die wirksam die Raupenpopulationen dezimieren.

Blaue Schmeißfliege

Calliphora vicina · Familie Schmeißfliegen

Färbung metallisch graublau oder schwarzblau, Hinterleib mit dunklen Schillerflecken.

KL 8–12 mm. FZ Mär–Nov
Vorkommen Überall sehr häufig.
Wissenswert! Die Weibchen dringen oft in Küchen ein und legen ihre weißlichen Eier in dichten Haufen an unabgedecktes Fleisch. Die Maden entwickeln sich in wenigen Tagen und verwandeln dabei ihre Nahrung in einen übel riechenden Brei. Sie verpuppen sich wie die meisten Fliegen zu einem dunkelbraunen Tönnchen.

Gewöhnliche Stubenfliege

Wadenstecher

Dungfliege

Graue Fleischfliege

Igelfliege

Blaue Schmeißfliege

Braunwurz-Blattwespe

Tenthredo scrophulariae · Familie Blattwespen

Fühler und Beine weitgehend gelb, Hinterleib schwarz-gelb geringelt.

KL 11–14 mm. FZ Mai–Aug. Schwer von zahlreichen verwandten Arten zu unterscheiden.

Vorkommen An Waldrändern und in offenem Gelände ziemlich häufig.

Wissenswert! Als Vertreterin der Pflanzenwespen fehlt der B. die tiefe Einschnürung im vorderen Teil des Hinterleibs (die „Wespentaille“) ebenso wie ein Wehrstachel. Sie täuscht durch ihre Wespen-Zeichnung aber Wehrhaftigkeit vor. Das Weibchen legt seine Eier in die Blätter verschiedener Pflanzen, z. B. Braunwurz oder Königskerze, an denen sich die raupenähnlichen Larven entwickeln. Von Schmetterlingsraupen kann man sie u. a. an den zahlreichen Hinterleibsbeinen (Raupen besitzen hier höchstens 5 Paar) und dem einfachen Punktaugenpaar an der Kopfkapsel (bei Raupen mehrere auf jeder Seite) unterscheiden.

Große Birkenblattwespe

Cimbex femoratus · Fam. Keulhornblattwespen

Körperform sehr breit, Fühler am Ende mit knopfförmiger, gelber oder brauner Keule; Grundfärbung schwarz.

KL 17–23 mm. Hinterleib beim ♂ (großes Bild) ganz schwarz oder in der Mitte rot, beim ♀ vollständig schwarz, rot oder gelb. FZ Mai–Aug

Vorkommen An Waldrändern oder mit Birken bewachsenen Alleen, nicht häufig.

Wissenswert! Die auffallend große, aber völlig harmlose Wespe nagt oft Ringfurchen um Birkenzweige, offenbar um den dann austretenden Saft zu trinken. Ihre raupenähnliche, bis zu 45 mm lange Larve (kleines Bild) ist in der Jugend von einer

weißlichen Wachsschicht überzogen, in späteren Stadien aber grün mit dunklem Rückenstreifen. Sie entwickelt sich nur an Birken. §

Riesenholzwespe

Urocerus gigas · Familie Holzwespen

Mit 15–40 mm Körperlänge oft größer als eine Hornissenkönigin und damit der größte heimische Hautflügler.

Fühler, Beine, ein Fleck an der Kopfseite sowie hinterer Teil des Hinterleibs gelb gefärbt. FZ Jun–Aug

Vorkommen An Nadelholz, vor allem Fichte, nicht selten.

Wissenswert! Beim vermeintlichen Stachel handelt es sich um den Legebohrer, der in Ruhelage in einer zweiklappigen Scheide liegt. Er entspringt vorn an der Unterseite des Hinterleibs. Zur Eiablage klappt das Weibchen den fast körperlangen Bohrer aus der Scheide heraus und treibt ihn oft bis zu seinem Ansatz ins Holz hinein; anschließend gleitet ein Ei durch einen dünnen, im Innern verlaufenden Kanal und wird im Holz deponiert. Die zylindrisch geformte, nur mit kurzen Beinstummeln ausgestattete Larve entwickelt sich im Verlauf mehrerer Jahre meist in Fichtenholz.

Halmwespe

Cephus pygmaeus · Familie Halmwespen

Körper schmal zylindrisch, ohne Wespentaille; Färbung schwarz, Hinterleib gelb geringelt.

KL 5–10 mm. FZ Mai–Jul

Vorkommen An Wegrändern und auf Wiesen ziemlich häufig.

Wissenswert! Die H. sieht man regelmäßig auf blühenden Pflanzen, vor allem auf Hahnenfußblüten. Das Weibchen (Bild) besitzt einen kurzen, den Hinterleib etwas überragenden Legebohrer. Damit versenkt es seine Eier in Getreidehalme (vorzugsweise von Weizen, Roggen oder Gerste). Die Larven entwickeln sich im Innern der Halme und haben daher, ebenso wie später die fertigen Wespen, einen schmal zylindrischen Körperbau. Ihre Beine sind stark zurückgebildet, wie es für Larven typisch ist, die in Pflanzen heranwachsen. Die befallenen Halme bilden nur verkrüppelte Ähren aus. Bei stärkerem Auftreten kann die H. spürbare Schäden anrichten.

Braunwurz-Blattwespe

Große Birkenblattwespe

Riesenholzwespe

Halmwespe

Riesenschlupfwespe

Dolichomitus imperator · Fam. Schlupfwespen

Schlanke, schwarze Wespe mit roten Beinen; ♀ (Bild) mit sehr langem Legebohrer.

KL 20–35 mm. FZ Jun–Okt
Vorkommen In Wäldern nicht selten.
Wissenswert! Diese stattliche Wespenart ist oft an liegenden Stämmen zu beobachten. Das Weibchen sucht hier nach holzbrütenden Käferlarven (meist solchen von Bockkäfern), den Wirtstieren für ihren Nachwuchs. Durch ihren sehr feinen Geruchssinn spürt sie die im Holz arbeitende Larve auf, setzt den Legebohrer auf Höhe der Fühler an und treibt ihn unter Drehbewegungen des ganzen Körpers langsam ins Holz hinein. Schließlich gleitet ein Ei durch den Bohrer ins Holz. Ihre Larve ist madenförmig und knotig gegliedert (kleines Bild).

Schlupfwespe

Ichneumon stramentarius · F. Schlupfwespen

Körper schwarz, Hinterleib in der vorderen Hälfte gelbrot, Schildchen, Hinterleibsspitze und Fühlermitte weißgelb. Beine gelb gezeichnet.

KL 14–18 mm. Ganzjährig.
Vorkommen In Wäldern und an Waldrändern häufig.
Wissenswert! Die auffallend gezeichnete Wespe ist oft im Winter unter der Rinde abgestorbener Bäume zu finden. Ihre Larven entwickeln sich in den Raupen verschiedener Schmetterlingsarten und führen damit eine ähnliche Lebensweise wie viele ihrer Verwandten. Häufig entwickeln sich verschiedene Arten bei der gleichen Wirtsart, oft aber auf unterschiedliche Weise. So leben manche Schlupfwespenlarven im Innern ihrer Wirte, andere an deren Außenseite. Manche verpuppen sich im Innern der Wirtspuppe, während andere ihren bereits als Larve sterbenden Wirt verlassen und sich neben ihm einen Kokon spinnen.

Köcherfliegen-Schlupfwespe

Agriotypus armatus · Familie Schlupfwespen

Schwarz mit deutlich gestieltem Hinterleib, Flügel dunkel gefleckt.

KL 6–10 mm. FZ Apr–Mai
Vorkommen An sauberen Fließgewässern gebietsweise nicht selten.
Wissenswert! Diese Wespe entwickelt sich an Köcherfliegenlarven. Das Weibchen steigt ins Wasser hinab, sucht hier aus kleinen Steinen gebaute Köcher, meist solche der Gattungen *Goera* oder *Silo* (⇨ S. 82), und heftet ein Ei an die Köcherfliegenlarve. Die Wespenlarve verzehrt bis zum Spätsommer ihre Wirtslarve und spinnt sich im Köcher einen Kokon. An der Seite lässt sie ein flaches dunkelgraues Gespinstband austreten, das 20 mm oder länger sein kann (unteres Bild). Es enthält Luft (woher diese kommt, ist unbekannt) und versorgt die Puppe sowie später die im Kokon überwinternde Wespe mit dem nötigen Sauerstoff. Erst im nächsten Frühling entsteigt die fertige Wespe dem Gewässer.

Blattlauswespe

Praon sp. · Familie Blattlauswespen

Sehr kleine, dunkel gefärbte Wespenart mit stark reduziertem Flügelgeäder.

FL 2–3 mm. FZ Apr–Sep. (Imago nicht abgebildet.)
Vorkommen An Wegrändern, auf Wiesen und im Siedlungsbereich überall häufig.
Wissenswert! Die Wespe ernährt sich vom Honigtau, den zuckerhaltigen Ausscheidungen der Blattläuse. Diese dienen auch als Wirte für die Larven. Das Weibchen biegt zur Eiablage den Hinterleib unter ihren Beinen hindurch nach vorn, ergreift eine Laus mit ihren zangenförmigen Anhängen und legt mit dem Legebohrer ein Ei in ihren Körper. Die Wespenlarve frisst die Blattlaus von innen leer, sodass schließlich nur die äußerlich unversehrte Hülle zurückbleibt. Am Schluss verpuppt sie sich unterhalb dieser Hülle in einem sockelförmigen Kokon (Bild). Die Larven anderer Arten der Familie verpuppen sich im Innern der Laus.

Riesenschlupfwespe

Schlupfwespe

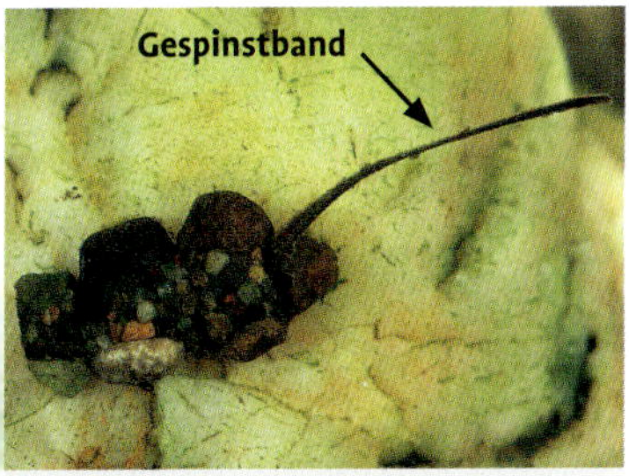

Köcherfliegen-Schlupfwespe

Blattlauswespe

Eichen-Schwammgallwespe

Biorhiza pallida · Familie Gallwespen

Flügel oft fehlend, daher sehr an eine Ameise erinnernd, Hinterleib aber seitlich abgeflacht.

KL 3–5 mm. Nov-Jan und Jun–Jul

Vorkommen In Eichenwäldern fast überall ziemlich häufig.

Wissenswert! Diese Gallwespe tritt jährlich in 2 Generationen auf, die sich deutlich unterschieden und früher sogar für 2 verschiedene Arten gehalten wurden. Die erste besteht nur aus flügellosen Weibchen, die mitten im Winter aus knollenförmigen Gallen an Eichenwurzeln (linkes kleines Bild) schlüpfen. Sie arbeiten sich zur Bodenoberfläche empor, wandern über den Boden (oder die Schneedecke) und klettern an Eichen hinauf. Hier legen sie durch Jungfernzeugung gebildete Eier in die ruhenden Eichenknospen (linkes großes Bild). Aus diesen Knospen bilden sich bis zum Sommer schwammige Zweiggallen (großes Bild rechts), die meist 2–3 cm Durchmesser erreichen und an Kartoffeln erinnern. Darin wachsen in kleinen Kammern (rechtes kleines Bild) zahlreiche Larven heran, aus denen sich geflügelte männliche und geflügelte oder mit verkrüppelten Flügeln ausgestattete weibliche Wespen entwickeln. Nach der Paarung graben sich die Weibchen dieser zweiten Generation ins Erdreich ein und legen ihre Eier an Eichenwurzeln. Es bilden sich wiederum Wurzelgallen, aus denen die stets ungeflügelte Wintergeneration hervorgeht.

Gestreifte Eichengallwespe

Cynips longiventris · Familie Gallwespen

Unscheinbar graubraun, Hinterleib seitlich abgeflacht; stets geflügelt.

KL 3–4 mm. FZ Dez-Jan und Mai–Jun. (Imago nicht abgebildet.)

Vorkommen In Eichenwäldern nicht selten.

Wissenswert! Auch die G. E. bildet jährlich 2 Generationen. Die erste, nur aus geflügelten Weibchen bestehende Generation entwickelt sich in gelben, rot gestreiften Galläpfeln (Bild) an Eichenblättern. Die Tiere schlüpfen mitten im Winter. Die zweigeschlechtliche Generation entwickelt sich ab dem Frühjar in unauffälligen, nur gut 2 mm großen Knospengallen.

Ähnlich Die bis zu 2 cm großen Gallen der **Gewöhnlichen Eichengallwespe** *Cynips quercusfolii* erinnern an kleine, rotbackige Äpfel.

Rosengallwespe

Diplolepis rosae · Familie Gallwespen

Schwarz mit rotem, seitlich zusammengedrücktem Hinterleib.

KL 2,5–4 mm. FZ Mär–Mai. (Imago nicht abgebildet.)

Vorkommen An Waldrändern und Hecken; überall häufig.

Wissenswert! Die R. hat keinen Generationswechsel. Sie vermehrt sich fast nur durch Jungfernzeugung, Männchen treten sehr selten auf. Sie erzeugt an Rosenzweigen den bekannten „Schlafapfel" (gr. Bild). Diese bis etwa 5 cm große Gallbildung ist außen mit zahlreichen haarförmigen, stark verzweigten Auswüchsen besetzt. Im Innern enthält sie zahlreiche Kammern, in denen jeweils eine Larve heranwächst (kl. Bild). Oft ist jedoch ein erheblicher Anteil der Gallenbewohner von Parasiten befallen.

Eichen-Schwammgallwespe Weibchen bei der Eiablage (links) und Galle der Sommergeneration (rechts)

Gestreifte Eichengallwespe

Rosengallwespe

Sandgoldwespe

Hedychrum nobile · Familie Goldwespen

Etwas untersetzte Wespe mit metallisch grün und rotgolden gefärbtem Brustabschnitt sowie rot schillerndem Hinterleib.

KL 7–9 mm. FZ Jul–Aug
Vorkommen An sandigen, offenen Stellen nicht selten.
Wissenswert! Die S. entwickelt sich parasitisch meist in den Nestern der Sandknotenwespe (⇨ S. 170). Daher hält sie sich oft bei den Nestern dieser gesellig nistenden Grabwespe auf. Sie nutzt eine kurze Abwesenheit der Knotenwespe, um in deren Nest einzudringen und ihr Ei neben das Ei der Nestbesitzerin an deren eingetragene Beute zu legen. Die Goldwespenlarve interessiert sich aber nicht für die Vorräte, sondern frisst die Knotenwespenlarve.

Ähnlich Die deutlich kleinere **Rosa Goldwespe** *Hedychridium roseum* hat einen fleischroten, nicht metallischen Hinterleib.

Große Spinnenameise

Mutilla europaea · Familie Spinnenameisen

Hinterleib mit 3 weißen Haarbinden; ♂ (kleines Bild) mit dunkelbraunen Flügeln, ♀ (großes Bild) ungeflügelt.

KL 10–17 mm; Brustabschnitt in der Mitte rotbraun, sonst wie der übrige Körper schwarz. FZ Mai–Aug
Vorkommen In trockenem, offenem Gelände; überall ziemlich selten.
Wissenswert! Das flugunfähige Weibchen besitzt einen langen, gebogenen Stachel, mit dem es auch den Menschen sehr unangenehm stechen kann. Bei Beunruhigung erzeugt es durch Pumpbewegungen des Hinterleibs recht laute Zirptöne, die wohl als Drohung zu verstehen sind. Zur Eiablage dringt es in Hummelnester, vorzugsweise solche der Ackerhummel (⇨ S. 174), ein. Hier wird es offenbar von den Arbeiterinnen geduldet. Die Larven parasitieren an Hummellarven. Manchmal vermehrt sich die G. S. so stark, dass in einem Hummelnest mehr Spinnenameisen als Hummeln schlüpfen. §

Borstige Dolchwespe

Scolia hirta · Familie Dolchwespen

Glänzend schwarze, struppig behaarte Wespe mit 2 oder 3 breiten, gelben Binden auf dem Hinterleib.

KL 12–25 mm. Flügel dunkelbraun mit deutlichem Blauschiller. FZ Jul–Sep
Vorkommen An sehr warmen, offenen Stellen, besonders auf Sandboden; in M.-EU sehr selten, im Mittelmeergebiet häufiger.
Wissenswert! Die Wespe besucht oft blaue oder violette Blüten. Ihre Larve entwickelt sich an Engerlingen von Blatthornkäfern (⇨ S. 110ff.). Zur Eiablage ortet das Weibchen die unterirdisch lebende Käferlarve und arbeitet sich grabend zu ihr vor. Sie lähmt die Larve mit einem Stich, heftet an ihre Bauchseite ein Ei und gräbt sich wieder zur Erdoberfläche empor. §

Ähnlich Die im Mittelmeergebiet heimische **Sechsfleckige Dolchwespe** *Elis sexmaculata* trägt auf dem Hinterleib meist 6 gelbe Flecke.

Sandgoldwespe

Große Spinnenameise

Borstige Dolchwespe

Rote Waldameise

Formica rufa · Familie Ameisen

Oberseite von Kopf und Bruststück, Beine und Hinterleib schwarzbraun, übriger Körper rot gefärbt.

KL 4–11 mm. Ganzjährig.

Vorkommen An offenen Stellen in Wäldern und an Waldrändern meist nicht selten.

Wissenswert! Die R.W. lebt in den bekannten bis über 1 m hohen, kuppelförmigen, meist aus Fichtennadeln aufgebauten Nesthaufen (kleines Bild). In der Mitte befindet sich meist ein Baumstumpf, und unter der Erde ist das als Gangsystem angelegte Nest etwa gleich groß wie der

oberirdische Hügel. Das Volk wird von meist nur einer Königin geführt. Der Giftstachel ist wie bei allen Schuppenameisen zurückgebildet; zur Verteidigung verspritzen die Arbeiterinnen ihr Gift direkt aus dem Hinterleib, den sie dazu zwischen den Beinen hindurchbiegen (rechtes großes Bild). Sie füttern die Brut mit großen Mengen an Insekten und stellen damit eine wichtige „Polizei des Waldes" dar. §

Rossameise

Camponotus ligniperda · Familie Ameisen

Mit 6–18 mm Körperlänge die größte heimische Ameise; Kopf und Großteil des Hinterleibs schwarz, sonst rotbraun.

Ganzjährig.

Vorkommen Im Bergland an sonnigen Waldrändern nicht selten.

Wissenswert! Die R. nistet in Totholz oder unter Steinen. Im Frühjahr schwärmen die Geschlechtstiere. Die Weibchen brechen nach der Paarung ihre Flügel ab und gründen einen neuen Staat. Sie schmelzen ihre Flugmuskulatur ein und füttern mit dem daraus gebildeten Sekret die Larven (Bild).

Gelbe Wegameise

Lasius flavus · Familie Ameisen

Hell gelblich gefärbte Schuppenameise, Geschlechtstiere deutlich dunkler.

KL 2–9 mm. Ganzjährig.

Vorkommen In offenem Gelände häufig.

Wissenswert! Die G.W. baut bis 50 cm hohe Erdhügel, die ganz mit Gras und anderen Pflanzen bewachsen sind. Die Tiere leben von den Ausscheidungen ihrer in unterirdischen Kammern gehegten Wurzelläuse und kommen daher nur selten an die Oberfläche. Wie für Schuppenameisen typisch, sind die Puppen in pergamentartige Kokons gehüllt.

Schwarzgraue Wegameise

Lasius niger · Familie Ameisen

Dunkelbraun bis fast schwarz gefärbte Schuppenameise mit dichter Behaarung.

KL 3–9 mm. Ganzjährig.

Vorkommen Wohl die häufigste heimische Ameisenart; regelmäßig auch in Gärten und Wohnungen.

Wissenswert! Die S.W. lebt von den zuckerhaltigen Ausscheidungen der Wurzel-, Blatt- und Schildläuse. Die Ameisen überdachen oft die Kolonien ihrer „Milchkühe" mit einer Erdschicht. Lästigerweise gehen sie auch an zuckerhaltige Nahrungsmittel.

Rasenameise

Tetramorium caespitum · Familie Ameisen

Zwischen Bruststück und Hinterleib mit 2 Knötchen („Knotenameise"); dunkelbraun.

KL 2,5–8 mm; Hinterecken des Brustabschnitts gezähnt. Ganzjährig.

Vorkommen In offenem, trockenem Gelände ziemlich häufig.

Wissenswert! Die R. besitzt als Knotenameise einen Giftstachel. Ihre Puppen sind, wie bei allen Knotenameisen, nicht von Kokons umgeben (im Bild die großen Puppen von Geschlechtstieren). Die Art nistet unter Steinen oder frei im Erdboden.

Rote Waldameise Arbeiterinnen mit Beute (links), Arbeiterin verspritzt Ameisensäure (rechts)

Rossameise Jungkönigin mit Eiern

Gelbe Wegameise mit Geschlechtstierkokons

Schwarzgraue Wegameise beim Blattlausmelken

Rasenameise mit Geschlechtstierpuppen

Hornisse

Vespa crabro · Familie Faltenwespen

Mit einer Körperlänge von 18–35 mm auffallend große Wespe, gelb, schwarz und rot gezeichnet.

Ganzjährig.

Vorkommen In Wäldern, an Waldrändern und im Siedlungsbereich im Allgemeinen nicht selten, doch jahrweise in unterschiedlicher Häufigkeit.

Wissenswert! Die H. knickt wie alle Faltenwespen in Ruhelage ihre Flügel in Längsrichtung; diese erscheinen daher beim sitzenden Tier sehr schmal (linkes Bild). Sie baut aus morschen Holzfasern unter Zugabe von Speichel ein kartonartiges Nest. Es besteht aus übereinander angeordneten Waben, die von einer Hülle umgeben sind (rechtes Bild). Die Öffnungen der Zellen zeigen immer nach unten, die Hülle bleibt unten meist weit geöffnet. Insgesamt kann das Nest eine Höhe von etwa 70 cm erreichen. Der H.-Staat besteht aus einer Königin und einigen Hundert Arbeiterinnen. Erstere legt nur Eier, während die Arbeiterinnen, ebenfalls Weibchen, sämtliche Fütterungs- und Bautätigkeiten zu erledigen haben. Männchen entwickeln sich im Spätsommer; sie haben einzig die Aufgabe, junge Weibchen zu begatten. Im Herbst geht der gesamte Staat zugrunde, nur die begatteten jungen Weibchen überwintern an einem geschützten Ort. Im nächsten Frühjahr begründen sie als Jungköniginnen jeweils einen neuen Staat (linkes Bild). §

Ähnlich Bei der Königin der **Mittleren Wespe** *Dolichovespula media* ist der Brustabschnitt ebenfalls schwarz und rot, der Hinterleib aber nur schwarz und gelb. Mit 18–22 mm Körperlänge ist sie etwa so groß wie eine Hornissenarbeiterin. Den Arbeiterinnen dieser recht seltenen Art fehlt das Rot.

Gewöhnliche Wespe

Vespula vulgaris · Familie Faltenwespen

Zwischen Auge und Einlenkung der Kiefer nur ein schmaler Zwischenraum („Kurzkopfwespe"), Kopfschild gelb mit schwarzer, T-förmiger Zeichnung.

KL 11–19 mm. Ganzjährig.

Vorkommen Überall sehr häufig, in den meisten Gegenden die häufigste Faltenwespe.

Wissenswert! Die G. W. versorgt ihre Brut vorwiegend mit Fleischnahrung, insbesondere Fliegen. Hierdurch macht sie sich durchaus nützlich. Die Wespen selbst können aber nur flüssige Nahrung aufnehmen. Außer Blütennektar naschen sie gern an Süßigkeiten und können dann z. B. an der Kaffeetafel äußerst lästig werden. Diese unangenehme Eigenschaft teilen sie mit der Deutschen Wespe (⇨ S. 164). Die übrigen heimischen Faltenwespen, etwa die Hornisse oder die Sächsische Wespe (⇨ S. 164), treten dagegen niemals als Lästlinge in Erscheinung. Die Nester der G. W. werden stets an verborgenen dunklen Orten, z. B. in alten Mäusenestern oder auf Dachböden, gebaut. Sie bestehen wie jene der Hornisse aus vermodertem Holz. Daher zeigen sie eine gelbliche Färbung. Sie können einen Durchmesser von über 50 cm, in Extremfällen von etwa 1 m aufweisen. Die größten Nester beherbergen etwa 7000 Tiere. Wie bei der Hornisse wird der gesamte Staat von einer einzigen Königin (im Bild das deutlich größere Tier) beherrscht; alle anderen Nestbewohner sind ihre Nachkommen.

Ähnlich Die auf Trockenrasen und Sonnenhängen recht häufige **Rote Wespe** *Vespula rufa* hat eine sehr ähnliche Kopfzeichnung, ist aber auf den vorderen Hinterleibsringen rot gefärbt.

Hornisse Jungkönigin (links) und großes Nest (rechts)

Gewöhnliche Wespe Königin (großes Tier) und Arbeiterinnen (kleine Tiere)

Deutsche Wespe

Vespula germanica · Familie Faltenwespen

Kopfschild meist mit 3 schwarzen Punkten; Längsbinde an der Brustseite nach unten dreieckig verbreitert.

KL 13–19 mm; wie die Gewöhnliche Wespe (⇨ S. 162) zu den sogenannten Kurzkopfwespen gehörend. Ganzjährig.
Vorkommen Überall sehr häufig, fast so häufig wie die Gewöhnliche Wespe.
Wissenswert! Die D. W. nistet wie die Gewöhnliche Wespe stets an verborgenen Orten, teils ober-, teils unterirdisch. Ihre Nester (kleines Bild) erreichen bisweilen ebenfalls fast 1 m Durchmesser, und auch die Völker können bis zu rund 7000 Tiere zählen. Im Gegensatz zur Gewöhnlichen Wespe bevorzugt die D. W. allerdings grau verwittertes, noch nicht morsches Holz als Baumaterial; ihre Nester sind daher nicht gelblich, sondern zumeist deutlich grau gefärbt.

Sächsische Wespe

Dolichovespula saxonica · Fam. Faltenwespen

Kopfschild meist mit 3-spitziger, ahornblattartiger Zeichnung.

KL 11–18 mm; als sog. Langkopfwespe mit deutlichem Abstand zwischen Auge und Oberkieferbasis. Ganzjährig.
Vorkommen Überall häufig.
Wissenswert! Die S. W. baut ihre grau gefärbten Nester oberirdisch an ziemlich offenen Stellen, z. B. unter Brücken oder auch auf Dachböden, dort dann aber frei im Raum hängend (Bild). Die Nester erreichen nur etwa einen Durchmesser von 20–30 cm und eine Volksstärke von 200–300 Tieren.

Ähnlich Bei der **Kuckuckswespe** *Dolichovespula adulterina* ist der Streifen an der Brustseite nach unten in einen Zipfel ausgezogen. Sie lebt als Parasit im Nest der Sächsischen W.

Haus-Feldwespe

Polistes dominula · Familie Faltenwespen

Schlanker als die Deutsche Wespe; Fühler einfarbig gelb (kleines Bild), Kopfschild vollständig gelb oder mit schwarzem Fleck.

KL 12–18 mm. Ganzjährig.
Vorkommen In offenem, trockenem Gelände, auch in Gärten; im südlichen D ziemlich häufig, nach N hin seltener.
Wissenswert! Die Nester der H. F. bestehen aus einer einzigen, mit einem Stiel an der Unterlage befestigten Wabe (großes Bild). Die Brutzellen sind meist schräg nach unten oder zur Seite gerichtet. Bei der Nestgründung arbeiten oft mehrere Jungköniginnen zusammen; dabei unterdrückt jedoch eine die übrigen und degradiert diese gewissermaßen zu Arbeiterinnen. Die Nester liegen meist ziemlich versteckt, z. B. unter Dachziegeln oder in Mauernischen verborgen.

Schornsteinwespe

Odynerus spinipes · Familie Faltenwespen

Zierlich gebaut, ziemlich klein; gelbe Zeichnungen nicht sehr ausgedehnt.

KL 10–13 mm. FZ Mai–Jul
Vorkommen An offenen, trockenen Stellen, besonders an lehmigen Steilwänden; ziemlich häufig.
Wissenswert! Die Wespe gräbt vorzugsweise in stärker verfestigtem Erdreich, vor allem an senkrechten Flächen, Gänge, die sich verzweigen und jeweils in einer eiförmigen Brutzelle enden. Das Aushubmaterial klebt sie rings um die Öffnung, sodass schließlich ein immer längerer, nach unten gekrümmter Schornstein entsteht (Bild). In jede Zelle legt sie zunächst ein Ei und trägt als Nahrung für den Nachwuchs Larven eines Rüsselkäfers (Gattung *Phytonomus*) herbei, die sie zuvor durch einen Stich ins Nervensystem gelähmt hat. Gelegentlich siedelt sie auch auf horizontalen Bodenflächen. Dort sind die Schornsteine zur Seite gebogen.

Deutsche Wespe auf Nesthülle

Sächsische Wespe Nest mit Hülle

Haus-Feldwespe

Schornsteinwespe trägt Rüsselkäferlarve ins Nest

Frühlingswegwespe

Anoplius viaticus · Familie Wegwespen

Hinterleib vorn rot mit dunklen Hinterrändern der Rückenplatten, Flügel dunkelbraun getönt.

KL 8–14 mm. Fast ganzjährig.
Vorkommen An sandigen, offenen Stellen ziemlich häufig.
Wissenswert! Die Wespen schlüpfen im Hochsommer und paaren sich wenig später. Nur das Weibchen überwintert. Im Frühjahr sucht es nach Wolfspinnen und überwältigt diese nach kurzem Kampf durch einen Stich ins Nervensystem. Die Wespe schleppt ihre Beute anschließend rückwärts gehend zu einer offenen Sandfläche. Sie greift dabei die Spinne mit den Kiefern an einer hinteren Beinhüfte (großes Bild). Am Zielort angekommen, legt sie ihr Opfer kurz ab und beginnt, einen schräg in den Boden führenden Gang zu graben (kleines Bild), der sich an seinem Ende zu einer kleinen Höhle erweitert. Sie zieht die Spinne hinein, belegt sie mit einem Ei und scharrt das Nest wieder zu.

Tönnchenwegwespe

Auplopus carbonarius · Familie Wegwespen

Auffallend langbeinige, ganz schwarze Wespe mit dunkel getönten Flügeln.

KL 7–10 mm. FZ Jun–Aug
Vorkommen An Waldrändern, in Kiesgruben, vor allem aber im Siedlungsbereich recht häufig.
Wissenswert! Die T. baut aus feinem Erdmaterial, das sie mit Speichel versetzt, tönnchenförmige Brutzellen, meist mehrere nebeneinander (kleines Bild). Als Nistort wählt sie Hohlräume sehr unterschiedlicher Art, etwa in leeren Schneckenhäusern, unter Holzverschalungen oder in verlassenen Nistgängen anderer Hautflügler. Sie macht Jagd auf die verschiedensten Spinnen. Da sie, wie alle Wegwespen, immer nur eine Spinne pro Brutzelle fängt und jede Larve mehr Nahrung benötigt, als ihrer späteren Größe entspricht, ist die Beute fast immer deutlich größer als die Wespe. Meist transportiert sie die Spinne vorwärts gehend, indem sie sie an den Spinnwarzen packt. Gewöhnlich beißt sie ihrem Opfer die Beine ab.

Rotbeinige Wegwespe

Episyron rufipes · Familie Wegwespen

Seiten des 2. und meist auch des 3. Hinterleibsringes sowie die Hinterleibsspitze weiß gefleckt, Beine teilweise rot.

KL 8–13 mm. FZ Jun–Aug
Vorkommen An sandigen, trockenen Orten; nicht häufig.
Wissenswert! Diese Wespe ist auf Radnetzspinnen spezialisiert. Sie überfällt die Spinne in ihrem Netz, lähmt sie mit einem Stich und transportiert sie, wie fast alle Arten dieser Familie, rückwärts gehend zum Nistplatz. Dort gräbt sie einen Gang, in dem sie mit ihrer Beute verschwindet.

Kuckuckswegwespe

Ceropales maculata · Familie Wegwespen

Kopf, Brustabschnitt und Hinterleib weiß gefleckt, Beine rot, Hinterleibsspitze beim ♀ (Bild) zipfelig verlängert.

KL 7–9 mm. FZ Mai–Sep
Vorkommen Auf offenen Sandflächen, z. B. in Sandgruben und auf Binnendünen; nicht häufig.
Wissenswert! Die K. entwickelt sich parasitisch bei der **Bleigrauen Wegwespe** *Pompilus cinereus*. Sie greift eine beutetragende B. W. an und schiebt dabei ihr Ei in eine Atemöffnung der Spinne. Später tötet ihre Larve die andere und verzehrt die Spinne.

Frühlingswegwespe Weibchen mit erbeuteter Wolfspinne

Tönnchenwegwespe

Rotbeinige Wegwespe

Kuckuckswegwespe

Dreiphasen-Sandwespe

Ammophila pubescens · Familie Grabwespen

1. Hinterleibssegment in einen dünnen und langen Stiel verschmälert, vorderer Teil des Hinterleibs rot.

KL 13–19 mm. FZ Jun–Sep

Vorkommen In Sandgebieten z. T. ziemlich häufig, vor allem im norddeutschen Flachland.

Wissenswert! Diese Grabwespe fängt, wie die meisten Vertreter ihrer Familie, stets mehrere Beutetiere für einen Nachkommen. Bevor sie zum Beutefang ausfliegt, schachtet sie zunächst einen etwa 5 cm senkrecht in den Boden führenden Gang aus, der sich zu einer geräumigen Höhle erweitert. Sie verschließt den Eingang mit 3–5 kleinen Steinchen und kommt bald mit einer erbeuteten Raupe (die wie bei den Wegwespen durch einen Stich bewegungsunfähig gemacht wurde) zum Nest zurück.

Nachdem sie die Steinchen wieder aus dem Nesteingang geräumt hat, zieht sie die Raupe ins Nest hinab, legt ein Ei an der Beute ab und verschließt die Öffnung wieder mit den gleichen Verschlusssteinchen. Nach dieser ersten Phase ihrer Brutpflege widmet sie sich anderen Tätigkeiten. Wenn die Larve nach 2 Tagen geschlüpft ist, trägt sie erneut 1–2 Raupen herbei (2. Phase, kleines Bild); dies wiederholt sich nach 1–2 Tagen mit weiteren 3–7 Raupen (3. Phase). Erst danach verschließt sie das Nest endgültig, indem sie lockeren Sand über die mit immer den gleichen Steinchen verschlossene Nestöffnung scharrt. §

Ähnlich Die äußerst ähnliche **Feldsandwespe** *Ammophila campestris* fängt Blattwespenlarven. Sie verschließt ihr Nest mit Sand aus einer neben der Nestöffnung ausgehobenen kleinen Grube. §

Bienenwolf

Philanthus triangulum · Familie Grabwespen

Hinterleib gelb, die einzelnen Segmente mit schwarzen, in der Mitte erweiterten Binden; Gesicht in der unteren Hälfte gelb (linkes kleines Bild), oben mit „Krönchen"-Zeichnung.

KL 8–17 mm. FZ Jun–Sep

Vorkommen Auf offenen Sandflächen und an lehmigen Steilwänden z. T. häufig.

Wissenswert! Der B. jagt Honigbienen. Da er manchmal in der Nähe von Bienenkästen große Nestkolonien ausbildet, ist er bei Imkern nicht gerade beliebt. Er überfällt seine Beutetiere beim Blütenbesuch und versetzt ihnen bei einem blitzschnellen Überraschungsangriff einen Stich ins Nervensystem. Selbst wenn es der Biene noch gelingt, den eigenen Stachel zum Einsatz zu bringen, rutscht er immer wieder an den glatten Hinterleibssegmenten des B. ab, sodass dieser aus dem kurzen Kampf wohl immer als Sieger hervorgeht. Danach drückt er auf den Hinterleib seiner betäubten Beute und leckt den hierdurch aus deren Mundöffnung austretenden Honigtropfen als willkommene Nahrung auf (großes Bild). Anschließend fliegt er mit der Beute zum Nest. Dieses besteht aus einem bis 1 m langen Gang, der sich am Ende verzweigt und jeweils in eine eiförmige Brutzelle führt. Die Zahl der eingetragenen Beutetiere richtet sich nach dem Geschlecht der Nachkommen: Brutzellen, in denen Männchen heranwachsen, werden mit 1–3, solche mit weiblichem Nachwuchs mit 3–6 Bienen bestückt.

Dreiphasen-Sandwespe

Bienenwolf saugt Nektar aus einer erbeuteten Honigbiene

Wanzengrabwespe

Astata boops · Familie Grabwespen

Etwas untersetzt, Hinterleib vorn rot; beim ♂ berühren sich die Augen oben.

KL 10–12 mm. FZ Jun–Sep

Vorkommen An offenen, sandigen Stellen ziemlich häufig.

Wissenswert! Diese kleine, flinke Grabwespenart nistet meist zu mehreren dicht beieinander. Sie fängt als Larvennahrung ausschließlich Schildwanzenlarven, die sie zunächst vor dem Nesteingang ablegt, bevor sie die Öffnung freischarrt und die Beute hinabzieht. Ihr spezieller Parasit ist die Rosa Goldwespe (⇨ S. 158).

Sandknotenwespe

Cerceris arenaria · Familie Grabwespen

Hinterleibsringe vorn deutlich eingeschnürt, daher Hinterleib etwas knotig gegliedert.

KL 10–15 mm. FZ Mai–Sep

Vorkommen Auf offenen Sandflächen, in Heidegebieten und Sandgruben; häufig.

Wissenswert! Die S. nistet meist in Kolonien. Sie gräbt lotrechte Röhren in den Boden und schichtet den Aushub kraterförmig um die Öffnung. Als Larvennahrung fängt sie Rüsselkäfer, mit denen sie kopfüber im Nesteingang verschwindet. Bei ihr parasitiert die Sandgoldwespe (⇨ S. 158).

Kreiselwespe

Bembix rostrata · Familie Grabwespen

Mit 15–22 mm Körperlänge eine ziemlich große, gelbweiß bis zitronengelb gezeichnete Wespe.

Oberlippe schnabelförmig nach unten verlängert. FZ Jun–Sep

Vorkommen Auf meist größeren, lockeren Sandflächen, vor allem auf Binnendünen; fast überall selten geworden.

Wissenswert! Die K. betreibt wie die Dreiphasen-Sandwespe (⇨ S. 168) echte Brutpflege, d. h., sie bekommt direkten Kontakt zu ihren Larven, während bei fast allen übrigen Grabwespen die Versorgung der Brut mit der Eiablage beendet ist (sog. Brutfürsorge). Das Weibchen gräbt einen etwa 10 cm langen Gang, der sich am Ende zur Nestkammer erweitert. Nach der Eiablage und später nach dem Schlüpfen der Larve trägt sie zahlreiche erbeutete Fliegen herbei (z. T. mehr als 50 pro Larve! ⇨ großes Bild). Nach jedem Verlassen des Nests scharrt sie den Eingang zu, sodass er vollkommen unkenntlich wird. §

Große Fliegenspießwespe

Oxybelus argentatus · Familie Grabwespen

Hinter dem Schildchen ein 3-spitziges Hinterschildchen, mittlere Spitze schwarz, die seitlichen gelb.

KL 8–10 mm. FZ Jun–Aug

Vorkommen Auf offenen Sandflächen; nicht häufig.

Wissenswert! Die G. F. fängt wie die anderen Arten ihrer Gattung ausschließlich Fliegen, die oft größer sind als sie selbst. Nach dem Stich transportiert sie die Beute aufgespießt auf ihrem Stachel. Beim Flug stützt sie die schwere Last mit den Hinterbeinen ab (Bild).

Kotwespe

Mellinus arvensis · Familie Grabwespen

Hinterleib mit 4 gelben Binden, die vorletzte davon in der Mitte unterbrochen.

KL 7–14 mm. FZ Jul–Okt

Vorkommen An sandigen Wegrändern nicht selten.

Wissenswert! Als eine der letzten Grabwespen im Jahr ist die K. noch an warmen Oktobertagen aktiv. Sie fängt Fliegen, vor allem auf Kuhfladen und anderen Kothaufen. Doch verwendet sie nicht alle Beutetiere für ihren Nachwuchs. Oft knetet sie sie mit ihren Mundwerkzeugen durch und leckt den dabei austretenden Saft auf.

Wanzengrabwespe mit Wanzenlarve

Sandknotenwespe mit Rüsselkäfer

Kreiselwespe scharrt beutebeladen Nestöffnung frei

Große Fliegenspießwespe mit Fliege

Kotwespe mit Fliege

Honigbiene

Apis mellifera · Familie Bienen

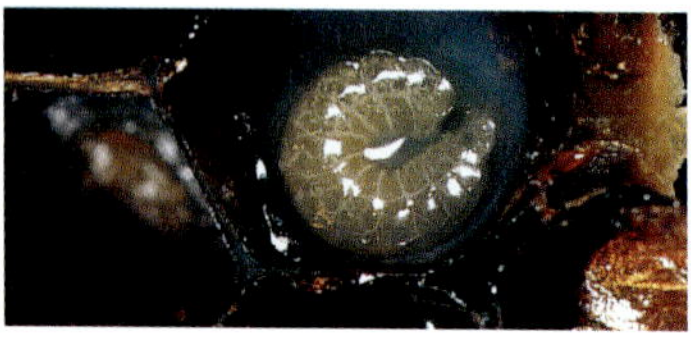

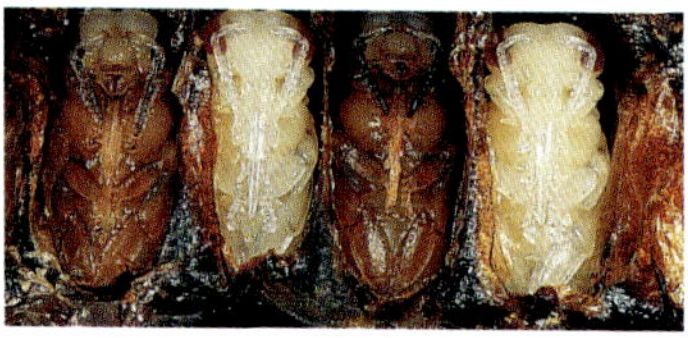

Grundfärbung braun, vordere Hinterleibsringe oft gelb oder rötlich, Oberseite der Hinterleibsringe mit grauen oder hell bräunlichen Filzbinden.

KL 11–18 mm; Arbeiterin (unfruchtbares ♀) mit „Körbchen" an den Hinterbeinen (s. u.), Königin (fruchtbares ♀) mit verlängertem Hinterleib (großes Bild links unten), Drohne (♂) mit stark vergrößerten Augen (oberes großes Bild, Tier links der Bildmitte). Ganzjährig.

Vorkommen Überall sehr häufig.

Wissenswert! Die H. ist neben dem in China zur Seidenproduktion gezüchteten Seidenspinner das einzige Insekt, das zu einem echten Haustier des Menschen wurde. Ein H.-Volk setzt sich aus bis zu 8000 Arbeiterinnen und stets nur einer Königin zusammen. Die sechseckigen, waagrecht ausgerichteten Brutzellen werden aus Wachsplättchen, die junge Arbeiterinnen an der Unterseite des Hinterleibs abscheiden, gebaut und zu umfangreichen, sehr regelmäßigen Waben aneinandergefügt. Die inneren Zellen der innen liegenden Waben enthalten die Brut, in den äußeren Waben sowie den äußeren Zellen der inneren Waben werden die Nahrungsvorräte, Pollen und Honig, gespeichert. Letzterer entsteht aus dem von den Arbeiterinnen gesammelten Nektar, der eingedickt und mit Zusatzstoffen versetzt wurde. Der Pollen wird an den Hinterbeinen im „Körbchen", einer unbehaarten, von steifen Borsten begrenzten Fläche an der Außenseite der Hinterschienen, als „Höschen" zum Nest transportiert. Kehren die Sammlerinnen von einer ergiebigen Trachtquelle zurück, unterrichten sie andere Sammelbienen davon durch eine besondere Tanzsprache. Durch die Art des Tanzes sowie durch die Ausrichtung, Intensität und Geschwindigkeit der Tanzbewegungen können sie Informationen über Entfernung und Ergiebigkeit der Futterquelle übermitteln und in welcher Richtung vom Stock aus diese zu finden ist.
Die Larven (kl. Bild links oben) werden zunächst mit einem besonderen Drüsensekret, dem Futtersaft, später dann mit Pollen und Honig gefüttert. Sie entwickeln sich, von der Eiablage an gerechnet, über die Puppe (kl. Bild rechts oben) in 3 Wochen zu Arbeiterinnen. Im späten Frühjahr wachsen in etwas größeren Zellen die Drohnen heran. Gleichzeitig entstehen in den viel größeren Weiselzellen am Rand der Waben (kl. Bild unten) Jungköniginnen, die als Nahrung ausschließlich Futtersaft erhalten. Kurz vor dem Schlüpfen einer neuen Königin zieht die alte mit einem Teil des Volks aus. Zunächst bildet sich eine Schwarmtraube (gr. Bild unten rechts), bis Kundschafterinnen ein geeignetes Quartier gefunden haben, in das dann der ganze Schwarm einzieht. Die frisch geschlüpfte neue Königin tötet zunächst mit ihrem Stachel die noch nicht geschlüpften Konkurrentinnen in ihren Weiselzellen. Dann tritt sie ihren Hochzeitsflug an und lässt sich an einem besonderen Drohnensammelplatz meist von mehreren Drohnen begatten. Danach verlässt sie den Stock erst wieder im folgenden Jahr, wenn

sie ihrerseits durch eine neue Königin abgelöst wird. Ihre einzige Aufgabe besteht fortan im Eierlegen. Dabei wird sie ständig von ihrem „Hofstaat" (gr. Bild links unten) umhegt.

Honigbiene

Ackerhummel

Bombus pascuorum · Familie Bienen

Bruststück gelbrot, Hinterleib vorn grau, hinten gelbrot behaart.

KL 9–18 mm. Ganzjährig.
Vorkommen Überall häufig.
Wissenswert! Nur die Jungkönigin überwintert und begründet im Frühjahr einen neuen einjährigen Staat. Sie baut ober- oder unterirdisch (z. B. in einem alten Mäusenest) zunächst aus Wachs ein Honigtöpfchen, das sie als Notreserve mit Nektar füllt. Dann stellt sie ein wächsernes Einäpfchen her, füllt es mit Pollen und legt etwa 10 Eier hinein. Nach dem Schlüpfen der Larven fügt sie seitlich an das Einäpfchen Wachstaschen an, die sie ebenfalls mit Pollen füllt (kleines Bild). Die Larven fressen sich durch die Wand in diese Taschen hinein; es entsteht ein immer größeres, blasiges Gebilde, in dem später die Verpuppung stattfindet. Mit dem Schlupf der ersten Arbeiterinnen übernehmen diese alle Brutpflege- und Nestbautätigkeiten. Die Königin legt jetzt nur noch Eier. §

Erdhummel

Bombus terrestris · Familie Bienen

Bruststück und Hinterleib vorn mit gelber Binde, Hinterleibsspitze weiß.

KL 11–23 mm. Ganzjährig. Leicht mit anderen, selteneren Arten zu verwechseln.
Vorkommen Überall häufig.
Wissenswert! Die E. nistet fast immer in unterirdischen Hohlräumen. Ihre Nester können mit bis zu etwa 600 Einzeltieren die größte Volksstärke von allen heimischen Hummelarten erreichen. Mit ihrem kurzen Rüssel kann sie den Nektar langsporniger Blüten nur erreichen, wenn sie die Blüten von hinten aufbeißt. §

Steinhummel

Bombus lapidarius · Familie Bienen

Ganz schwarz mit roter Hinterleibsspitze; ♂ mit gelbem Ring auf dem Bruststück.

KL 12–22 mm. Ganzjährig.
Vorkommen Überall häufig.
Wissenswert! Die S. nistet ober- wie unterirdisch, oft z. B. in Vogelnistkästen. Sie umgibt ihre Brutzellen mit vorgefundenem Nistmaterial und überdeckt das ganze Nest mit einer dünnen Wachskuppel. Die Arbeiterinnen verhalten sich im Nestbereich recht aggressiv, besonders bei einer gewaltsamen Nestöffnung. §

Wiesenhummel

Bombus pratorum · Familie Bienen

Vorn am Bruststück und am Hinterleib mit gelber Binde; Hinterleibsspitze rot.

KL 9–17 mm. Ganzjährig.
Vorkommen Überall häufig.
Wissenswert! Die Jungköniginnen verlassen oft schon Anfang März ihr Winterquartier (das sich z. B. in Komposthaufen oder alten Mäusenestern befinden kann), meist deutlich vor den anderen Hummelarten. Die W. füttert ihre Larven, indem sie die Brutzellen von oben her öffnet und den Nachwuchs mit Pollen versorgt. Dieser wird auch in Wachszellen gespeichert. §

Schmarotzerhummel der Steinhummel

Bombus rupestris · Familie Bienen

Sehr ähnlich der Steinhummel, doch Flügel dunkelbraun mit Blauschiller.

KL 15–25 mm. Ganzjährig.
Vorkommen In offenem, meist trockenem Gelände; nicht häufig.
Wissenswert! Die S. dringt in ein Steinhummelnest ein, öffnet ein Einäpfchen, entfernt die Eier und legt ihre eigenen hinein. Ihre Larven werden dann von den Steinhummel-Arbeiterinnen aufgezogen, sie selbst hat keine Arbeiterinnen. §

Ackerhummel Imago auf Klee (links) und Nest mit Arbeiterinnen (rechts)

Erdhummel

Steinhummel

Wiesenhummel

Schmarotzerhummel der Steinhummel

Weidensandbiene

Andrena vaga · Familie Bienen

Kopf und Brustabschnitt dicht grauweiß, sonst vorwiegend schwarz behaart.

KL 10–14 mm. FZ Mär–Mai

Vorkommen In offenen Sandgebieten, ziemlich häufig.

Wissenswert! Die W. ist bereits an den ersten wärmeren Tagen des Jahres zu beobachten. Sie bildet keinen Staat, nistet aber in dichten Kolonien von z.T. über 1000 Tieren. Das Weibchen gräbt einen oft mehr als 50 cm tiefen Gang, der sich am Ende verzweigt und zu einzelnen Brutzellen führt. Die Zellen werden ausschließlich mit Pollen und Nektar von Weiden gefüllt und dann mit jeweils 1 Ei belegt. Die Larven entwickeln sich bis zum Sommer zur neuen Bienengeneration, die jedoch erst nach der Überwinterung das Nest verlässt. §

Gewöhnliche Seidenbiene

Colletes daviesanus · Familie Bienen

Hinterleib mit hellgrauen Filzbinden an den Segmenträndern.

KL 8–9 mm. FZ Jun–Aug

Vorkommen Vorwiegend an stärker verfestigten Steilwänden, auch an alten, mit Lehm verputzten Gebäuden; überall häufig.

Wissenswert! Diese kleine Wildbiene gräbt ihre Nestgänge oft in erstaunlich festem Material, manchmal sogar in Sandsteinen. Hierdurch entstanden gelegentlich auch schon Gebäudeschäden. Die Gänge verzweigen sich fingerförmig und enthalten jeweils mehrere hintereinander liegende Brutzellen. Die Wände der Zellen werden mit dem Sekret der Speicheldrüsen bestrichen, das zu einem transparenten, seidenartigen Belag antrocknet. Den Pollen und den Nektar sammelt diese Wildbiene fast ausschließlich an Korbblütlern. §

Hosenbiene

Dasypoda hirtipes · Familie Bienen

Hinterbeine des ♀ mit sehr langen, dichten Haarfransen (kleines Bild), in denen der Pollen transportiert wird.

KL 13–15 mm. FZ Jul–Sep

Vorkommen Auf Sandwegen und in Sandgruben meist nicht selten.

Wissenswert! Die H. nistet wie die Weiden-Sandbiene gern in sehr individuenreichen Kolonien, erscheint aber erst im Hochsommer. Auch bei dieser Art führt der Hauptgang des Nests oft in eine Tiefe von über 50 cm und verzweigt sich dann in die einzelnen Zellen. Pollen und Nektar werden ausschließlich an Korbblütlern gesammelt. In den Brutzellen platziert die Biene das ziemlich trockene Nektar-Pollen-Gemisch auf kleinen Füßchen, sodass es nur punktuell den Boden berührt, wohl um Schimmelbildung zu vermeiden. §

Langhornbiene

Eucera nigrescens · Familie Bienen

♂ (großes Bild) mit körperlangen und ziemlich dicken, ♀ (kleines Bild) mit normal entwickelten Fühlern.

KL 13–15 mm. FZ Apr–Jun

Vorkommen An sonnigen Wald- und Wegrändern, auch im Siedlungsbereich; stellenweise ziemlich häufig.

Wissenswert! Die als Männchen sehr auffällige Biene sucht ihre Nahrung ausschließlich an Schmetterlingsblütlern, mit besonderer Vorliebe an den Blüten der Zaunwicke. Die Männchen besetzen regelrechte Reviere um Gruppen dieser Pflanze und halten dort ständig Ausschau nach blütenbesuchenden Weibchen. Nur ab und zu setzen sie sich kurz auf den Blüten ab, um Nektar zu tanken. Die Weibchen nisten im Boden, zumeist in kleinen Kolonien und ziemlich versteckt im Gras. §

Weidensandbiene

Gewöhnliche Seidenbiene Weibchen am Nesteingang

Hosenbiene

Langhornbiene

Garten-Blattschneiderbiene

Megachile willughbiella · Familie Bienen

Hinterleib auffallend flachgedrückt, Segmentränder mit hellen Randbinden.

KL 12–16 mm. ♂ (kleines Bild) mit tatzenartigen, weiß befransten Vorderfüßen, ♀ (linkes großes Bild) mit roter, hinten schwarzer Bauchbehaarung. FZ Jun–Sep

Vorkommen An Waldrändern, in Kiesgruben und Gärten überall ziemlich häufig.

Wissenswert! Diese Wildbiene gehört zur Gruppe der Bauchsammlerbienen, die den Pollen nicht mit den Beinen, sondern in der dichten Bauchbehaarung des Hinterleibs transportieren. Sie nistet in morschem Holz und erweitert vorhandene Löcher z. T. mit ihren Mundwerkzeugen. Dann schneidet sie mit ihren Kiefern aus Blättern zunächst ovale, später kreisrunde Stücke heraus, die sie als Seitenwände bzw. Deckel ihrer Brutzellen verwendet. Die ovalen Stücke bilden mit ihrem umgebogenen unteren Teil zugleich den Boden der fingerhutförmigen Zelle (rechtes großes Bild). §

Zwerg-Harzbiene

Anthidiellum strigatum · Familie Bienen

Mit 6–7 mm Körperlänge eine sehr kleine Bauchsammlerbiene; Körper etwas untersetzt, lebhaft gelb gefleckt.

FZ Jun–Aug

Vorkommen In trockenem, offenem Gelände meist nicht selten.

Wissenswert! Wegen ihrer geringen Größe ist die Z.-H. leicht zu übersehen. Auch ihre Nester (kleines Bild) sind schwer zu finden, am ehesten in norddeutschen Heidegebieten, wo sie ihre Brutzellen mit Vorliebe an Findlingssteine klebt. Sie sammelt Harz und formt daraus eine zunächst unten offene, glockige Zelle (linkes gr. Bild). Dann sammelt sie Pollen und Nektar. Am Nest würgt sie als Erstes den Nektar hervor und schlüpft dazu Kopf voran in die Zelle; dann wendet sie und streift den Pollen aus der Sammelbürste (mittleres gr. Bild). Schließlich legt sie ein Ei und verschließt die Zelle, indem sie aus dem unteren Rand ein dünnes Rohr formt (rechtes gr. Bild). §

Zweifarbige Schneckenhausbiene

Osmia bicolor · Familie Bienen

♀ (beide Bilder) in der vorderen Körperhälfte schwarz, am Hinterleib leuchtend fuchsrot; ♂ unscheinbar grau.

KL 9–11 mm. FZ Mär–Jun

Vorkommen An sonnigen Waldrändern und auf Trockenrasen im südlichen und mittleren D ziemlich häufig, im N weitgehend fehlend.

Wissenswert! Die Z. S. gehört ebenfalls zu den Bauchsammlerbienen. Sie baut ihr einzelliges Nest in leere Schneckenhäuser. Zunächst trägt sie in die oberen Windungen Pollen und Nektar ein und legt ein Ei darauf. Dann verschließt sie die Zelle mit einer Wand aus zerkautem Blattmaterial. Den Gang davor füllt sie mit kleinen Steinchen, Erdkrumen u. ä. und stabilisiert alles durch eine weitere Wand aus Pflanzenmaterial (kleines Bild: geöffnetes Nest). Zuletzt tarnt sie das Gehäuse noch mit einem Haufen aus locker aufgeschichteten Grashalmen oder Kiefernadeln (rechtes großes Bild). §

Garten-Blattschneiderbiene Weibchen (links) und Brutzelle (rechts)

Zwerg-Harzbiene Weibchen beim Bau der Harzzelle

Zweifarbige Schneckenhausbiene Schneckenhaus (links), Tarnung des Schneckenhauses (rechts)

Artenverzeichnis

D

E

Honigbienen mit ihrer Königin (Mitte)

Bildquellen
Alle Fotos stammen von Heiko Bellmann mit Ausnahme der folgenden:
Titelfoto: Heiko Bellmann/Frank Hecker
Frank Hecker: S. (2) 15, 17, 55ol, 59ol, 63ul, 65 ur, 101mr, 105ur, 113ol, 123ol, 127ul, 145ul 145ur, 147ol, 147ul, 147ur, 149ul, 157ul, 157ur, 175ul.
Friedrich Springob: S. 13.

Die Grafiken des Buches stammen größtenteils aus dem „Lexikon der Tiere", erster Band, Lexikografisches Institut, München, mit freundlicher Genehmigung des Verlagshauses Stuttgart (VS).
Reinhild Hofmann: ergänzende Illustrationen
Fritz Wendler: Umschlaginnenseite
Boyko.Pictures/Shutterstock.com: Icon Natur aktiv
Michaela Mayländer, www.sistermic.de: Icon Natur Tipp.

Der Autor

Der Zoologe Dr. Heiko Bellmann (†), geboren 1950, war seit 1975 als wissenschaftlicher Mitarbeiter an der Universität Ulm tätig. Über vier Jahrzehnte befasste er sich intensiv mit dem Fotografieren von Insekten und Spinnentieren. Er veröffentlichte neben zahlreichen Beiträgen in Fachzeitschriften eine Reihe international anerkannter Naturführer zu seinem Themenkreis.

Der Herausgeber

Gunter Steinbach (†), geboren 1938, studierte bildende Künste in Hamburg und war Jahrzehnte im Verlagswesen tätig. Zuletzt lebte er auf seinem Einödhof im Allgäu, wo er sich praktisch und publizistisch der heimischen Natur widmete.

Haftungsausschluss

Die in diesem Buch enthaltenen Empfehlungen und Angaben sind von dem vom Autor mit größter Sorgfalt zusammengestellt und geprüft worden. Eine Garantie für die Richtigkeit der Angaben kann aber nicht gegeben werden. Autor und Verlag übernehmen keine Haftung für Schäden und Unfälle. Bitte setzen Sie bei der Anwendung der in diesem Buch enthaltenen Empfehlungen Ihr persönliches Urteilsvermögen ein.

Bibliografische Information der Deutschen Nationalbibliothek

Die Deutsche Nationalbibliothek verzeichnet diese Publikation in der Deutschen Nationalbibliografie; detaillierte bibliografische Daten sind im Internet über http://dnb.d-nb.de abrufbar.

Wollgrasweg 41, 70599 Stuttgart (Hohenheim)
Email: info@ulmer.de
Internet: www.ulmer.de
Projektleitung: Ina Vetter, Christine Schneider, Helen Haas
Lektorat: Ulf Müller, Frank Hecker
Herstellung: Silke Reuter
Umschlagentwurf: siegel konzeption | gestaltung, Stuttgart
XML-Workflow: pagina GmbH, Tübingen
Satz: Fotosatz Buck, Kumhausen/Hachelstuhl
Innengestaltung: Michaela Mayländer, www.sistermic.de
Druck und Bindung: Livonia Print, Riga
Printed in Latvia

ISBN 978-3-8186-1419-5

FSC www.fsc.org MIX Papier aus verantwortungsvollen Quellen FSC® C002795

STEINBACHS NATURFÜHRER

Tiere und Pflanzen zuverlässig und schnell bestimmen

3., akt. Auflage 2022. 384 Seiten, 775 Farbfotos, 535 Zeichnungen, kart. ISBN 978-3-8186-0725-8

3., akt. Auflage 2022. 192 Seiten, 425 Farbfotos, 103 Zeichnungen, kart. ISBN 978-3-8186-1418-8

3., akt. Auflage 2022. 192 Seiten, 518 Farbfotos, 440 Zeichnungen, kart. ISBN 978-3-8186-1421-8

5., akt. Auflage 2022. 192 Seiten, 445 Farbfotos, 288 Zeichnungen, kart. ISBN 978-3-8186-1420-1

Natur spielend entdecken

In diesem Naturführer finden Sie und Ihre Kinder über 200 Arten von Säugetieren, Vögeln, Eidechsen und Fröschen, Fischen, Insekten und anderen Krabbeltieren, von Blumen, Bäumen und Sträuchern. Die Texte sind bewusst kurz gehalten, dafür spannend, unterhaltsam und einprägsam. Forschertipps, Rezepte und Bau- und Bastelanleitungen bieten viele Tipps für Aktivitäten in der Natur.

Der große Naturführer für Kinder: Tiere und Pflanzen.

F. und K. Hecker. 2. Auflage 2020. 256 Seiten, 230 Farbfotos, 230 farbige Zeichnungen, kart. ISBN 978-3-8186-0914-6

Buchengallmücke ⇨ S. 139

Eichen-Schwammgallwespe ⇨ S. 157

Gestreifte Eichengallwespe ⇨ S. 157

Gewöhnliche Eichengallwespe ⇨ S. 156

Rosengallwespe ⇨ S. 157

Rosengallwespe ⇨ S. 156